U0335869

# 现代生态农业
# 绿色种养实用技术

◎ 陈 义　沈志河　白婧婧　主编

中国农业科学技术出版社

# 图书在版编目（CIP）数据

现代生态农业绿色种养实用技术／陈义，沈志河，白婧婧主编.——北京：中国农业科学技术出版社，2019.6

　ISBN 978-7-5116-4223-3

　Ⅰ.①现…　Ⅱ.①陈…②沈…③白…　Ⅲ.①生态农业-农业技术　Ⅳ.①S-0

中国版本图书馆 CIP 数据核字（2019）第 103528 号

| | |
|---|---|
| 责任编辑 | 白姗姗 |
| 责任校对 | 李向荣 |

| | |
|---|---|
| 出 版 者 | 中国农业科学技术出版社 |
| | 北京市中关村南大街 12 号　邮编：100081 |
| 电　　话 | （010）82106638（编辑室）　（010）82109702（发行部） |
| | （010）82109709（读者服务部） |
| 传　　真 | （010）82106650 |
| 网　　址 | http://www.castp.cn |
| 经 销 者 | 各地新华书店 |
| 印 刷 者 | 北京富泰印刷有限责任公司 |
| 开　　本 | 850mm×1 168mm　1/32 |
| 印　　张 | 8 |
| 字　　数 | 200 千字 |
| 版　　次 | 2019 年 6 月第 1 版　2019 年 6 月第 1 次印刷 |
| 定　　价 | 36.00 元 |

# 《现代生态农业绿色种养实用技术》
## 编 委 会

# 前　　言

　　近年来，生态农业越来越受到重视，国家多次提出要大力发展生态农业，并对农业环保进行重点布局。种养结合是生态农业中一个比较独特的模式，也是国家大力提倡的生态农业模式。近年来各地种养模式纷纷涌现，各种综合种养模式提高了种养效益，为农民增加了收入。

　　本书侧重科技知识，兼顾针对性、实用性和可操作性，旨在为广大基层科技人员和农民提供通俗易懂、便于学习和掌握的科技知识。本书内容包括现代生态农业与绿色防控、农作物绿色生态栽培新技术、蔬菜绿色生态栽培新技术、果树绿色生态栽培新技术、食用菌绿色生态栽培新技术、水产品绿色生态养殖技术、畜禽绿色生态养殖技术、农作物综合绿色种养新技术、生态循环养殖技术等。

　　由于编者水平所限，加之时间仓促，书中错误之处在所难免，恳切希望广大读者和同行不吝指正。

编　者

2019 年 4 月

# 目　　录

# 第一章 现代生态农业与绿色防控

## 第一节 生态农业的概念、特点

### 一、生态农业的概念与本质

所谓生态农业是运用生态学、生态经济学原理，通过系统工程方法实现高产、优质、高效与可持续发展的现代农业生产体系。简单地说，就是"生态合理的现代化农业"。因此，"生态农业"的本质就是将农业现代化纳入生态合理的轨道，来实现农业可持续发展的一种农业生产方式。在具体实施时需要各地依据区域资源优势及潜力，在开发农业主导产业的同时，通过农业生物群多样化和农业产业多样化，实现绿色植被覆盖最大，光、温、水、土资源利用高效、合理，物质良性循环，废物尽可能消化循环利用，变废为宝，以获得经济、环境效益同步增长和资源可持续利用的目标。

### 二、生态农业技术体系的特点

生态农业技术体系的特点是多目标、资源节约和集约化。其中，实现生态、经济良性循环的接口技术与区域资源整体优化配置设计，则是该领域技术研究的关键。它具有以下几个特点。

**（一）较强的综合性特点**

从生产结构体系看，生态农业不仅要求各个产业部门建立在生态合理的基础上，而且特别强调农、林、牧、副、渔大系统的结构优化和"接口"强化，形成生态经济优化的具有相互促进作用的综合农业系统。同时，在系统内其技术具有综合性及技术的集成性特点，不同的技术构成了具有特定功能的技术体系，如资源高效利用或生态恢复等。所以，发展生态农业，必须具有较强的综合性。

**（二）传统农业技术精华和现代农业技术的优化组装特点**

发展生态农业，需要继承和发扬传统农业技术的精华，如重视有机肥的利用、集约化间套种植、生物防治病虫害等。并且还要在此基础上应用现代农业生产技术，如合理施用化肥与农药、机械化生产、生物育种等。同时，还要做好传统农业技术与现代农业技术的优化组装与融合工作，使之取长补短，互相促进。

**（三）综合效益特点**

与常规农业专项功能突出不同，生态农业技术具有多功能的特点，即能满足高产、优质、高效和环保的多目标要求。

**（四）明显的地域性特点**

生态农业是与自然结合、因地制宜的农业，由于各地自然、经济乃至社会需求不同，所要求的农业模式也不同，相应的技术体系也有差异，呈现明显的地域性特点。

总之，生态农业技术不仅仅强调多种经营，更注重的是系统的设计与管理。例如，过去曾提出的"水、肥、土、种、密、保、工、管"八字宪法，在实际中如果单独运用哪一项或几项也不能取得理想的效果，这是因为前7个方面都有适度的量与质的问题，它们取决于时间、空间措施的先后顺序与量比，只有运用"量"这个环节加以优化组合，才能发挥整体功能，实现现实与持续发展的生产力。因此，生态农业技术体系可以说是"软""硬"技术的结合，它具有系统性、工程性及效益综合性的特点。

按照农业生产结构、生产过程和功能来划分，生态农业技术体系包括：结构优化技术、"接口"强化技术、生态治理与恢复技术、生物性资源高效利用技术、农业废弃物资源化高效利用技术、环境污染防治技术、环境无害化农产品加工增值技术和环境无害化农业高新技术等。

## 第二节 建设生态农业的意义与基本原则

### 一、建设生态农业的意义

我国人均耕地较少，农业生产基础条件相对较差，许多地区干旱缺水和生态环境脆弱，水土流失、土壤沙化等自然灾害长期存在；但生态资源相对丰富，潜在区域优势产业明显，有待进一步开发。生态农业作为生态环境建设的主要内容理所应当地为农业的可持续发展做出较大贡献，针对问题与潜力，其农业发展对策应是充分发挥各地丰富的自然资源优势，大力发展生态农业，走绿色环保、无公害农业生产之路，以战略的高度切实加强农业，使农业生产的发展与当地发展的水平相协调，努力克服农业产投比过低和资源、设施浪费现象，要保持人与自然和谐，农业才能可持续发展。

### 二、建设生态农业的基本原则

#### （一）突出农村主导产业，实现经济社会全面发展原则

坚持以发展农村经济为中心，进一步解放和发展生产力，

因地制宜，做强做大当地农业主导产业。一般要以粮食为基础，大力发展粮食生产，在此基础上着力发展畜牧业和农产品加工业，为生态农业发展提供产业支撑。同时，大力加强农村基础设施建设，发展农村公共事业，提高物质文化水平，实现全面发展。

**（二）坚持经济和生态环境建设同步发展原则**

发展生态农业，实现农业可持续发展，必须把生态环境建设放在十分重要的位置，坚决改变以牺牲环境来换取经济发展的传统发展模式，禁止有污染的企业发展。同时，结合社会主义新农村建设，大力加强植树造林、村容村貌的整顿，在农村开展农村清洁工程，改善生态环境和生产生活条件。

**（三）实行分类指导、突出特色原则**

生态农业建设要根据当地的经济实力和资源特色，分类指导，递次推进，不搞一刀切，要倡导和支持专业村、特色村建设，鼓励"一村一品、一乡一产、数村一业"的专业化、标准化、规模化发展模式。

**（四）整合社会资源，实行重点突破原则**

各地对每年确定的主要农业建设项目，要紧紧围绕生态化建设目标，坚持资金、技术、人才重点倾斜，各种资源要素集中整合，捆绑使用，使项目建一个成一个，确保项目综合效益的全面实现。

**（五）坚持城乡统筹，全社会共同参与原则**

改变传统的就农业抓农业、城乡两元分割的不利做法和管理体制，制定相应政策和激励机制，引导社会力量参与生态农业建设，发挥中心城镇作用，制定城乡统筹、城乡互动、城市带动农村发展的有效机制；鼓励企事业单位、社会各界人士向生态农业投资，积极创办生态农业企业和承担建设项目，积极引进一切资金，增加农业投入；鼓励广大农民群众出资投劳，搞好基础建设和环境整治，改善家乡面貌。

**（六）树立典型，以点带面原则**

生态农业建设是一项长期的系统工程，涉及多学科、多行业、多部门，要求全社会广泛参与。必须统筹安排，循序渐进。要充分发挥各类农业示范区的示范作用，集中力量抓一批典型，及时展示生态农业成果，总结生态农业经验，组织参观、培训、调研活动，推广成功经验，普及关键技术，传播实用信息，达到以点带面。

**（七）坚持"以人为本"，充分发挥基层群众组织原则**

农村广大农民群众、专业协会、新型农民合作组织、涉农企业是生态农业建设的主体。要坚持"以人为本"的原则，就是要以农民的全面发展为根本，发挥市场配置资源的主导作用，兼顾各方面的利益，实现农业发展与农民富裕目标同步实现，农民收入增长与农民素质同步提高，农业基础设施建设与农村公益事业同步发展，农村经济社会进步与生态环境、生存条件改善同步进行。

**（八）发展建设和理论研究兼顾原则**

生态农业建设，关系农业可持续发展。生态农业理论和发展模式的创立，为当代农业发展提供了全新的视角和发展思路。发展生态农业要在农、林、畜、渔结合、产业化、科技服务体系建设等方面搞好实践，要以大专院校、科研单位为依托，发挥本地干部、科技人员、群众的聪明才智，针对当地粮食、蔬菜、畜牧、食用菌、林果生产和生态建设关键技术、服务体系和生态农业发展模式进行必要的研究，打牢生态农业建设的理论基础，提高科技服务和农业管理水平。

**（九）加强农业生产自身环境污染治理，保护好生态环境原则**

发展生态农业，不能以牺牲环境为代价，在发展生态农业的同时，要解决自身环境污染问题。要确保到 2020 年实现"一控两减三基本"（即严格控制农业用水总量，减少化肥农药施用量，地膜、秸秆、畜禽粪便基本资源化利用）的目标。

**（十）有效地增加投入，改善生产条件，增强动力和后劲原则**

发展生态农业，离不开土地、水利设施、农业机械等生产条件的改善，要千方百计地增加对农业的投入，并尽可能减少重复投入，提高投资效果，在提高和保持农业综合生产能力上下功夫，克服掠夺性生产方式，用养结合，不断培肥地力，为生态农业发展奠定基础。

# 第三节　生态农业建设的支持体系

在市场经济条件下，农业生产者和其他市场参与者是发展生态农业的主体，政府职能的发挥对于加快发展生态农业进程也起着至关重要的作用，实践证明，发展生态农业需建立必要的支持体系。

## 一、建立生态农业政策支持体系

可持续发展的生态农业要旨是正确处理世代之间平等分配，这也是生态农业的立足点。对此，要加强资源保护及农业资源综合立法。对自然资源实行资产化管理。制定完善的支持政策，建立生态农业政策体系。强化生态意识，依法保护和改善生态环境，坚决制止破坏生态环境的行为。加强土壤环保，减少化肥、农药等污染。把生态农业与生态环境、资源的永续利用有机地结合起来。

## 二、建立生态农业科技支持体系

要鼓励和支持有关单位的科技人员研究生态农业，开发新技术、新产品、转化科技成果。应重点在以下几个方面进行开发：一是开展品种资源的改良，开发高产、优质、抗病虫的新品种，加快无公害、绿色食品生产技术的配套与推广。二是开展绿色食品生产施肥技术的推广与应用。三是加强病虫害的预测预报工作，开展以农业防治、物理防治、生物防治为重点的病虫害综合防治技术的推广与应用。四是开展无公害、绿色农业产品加工工艺的引进和应用。五是制定生态农业相关标准。重点是要在生产、加工、储藏与运输等方面制定技术规程，推进生态农业标准化。通过研究配套和完善生产技术，为发展生态农业提供技术支撑。

## 三、建立生态农业资金支持体系

发展生态农业，提供无公害、绿色食品，是一项任务艰巨、投资巨大的系统工程，增加投入是生态农业得以顺利发展的重要支撑。为此，必须按照市场经济发展的要求，建立多渠道、多层次、多方位、多形式的投入机制，尽快建立和完善农业、林业、水保基金制度；水土保持设施、森林生态效益、农业生态环境保护补偿制度；海域使用有偿制度等。财政支持是使生态农业健康发展的基础，各级财政都要安排专项资金进行支持。同时，积极拓宽投融资渠道，鼓励工商企业投资发展生态农业，逐步形成政府、企业、农民共同投入的机制。鼓励和扶持市场前景好、科技含量高、已形成规模效益的无公害、绿色农产品企业上市，从而加速和推进生态农业发展。

## 四、建立生态农业产业化经营支持体系

无公害、绿色食品加工企业是农民进入市场的主体，也是新型市场竞争的主体。无公害、绿色食品品种繁多，要从各地实际出发，注意优先选择资源优势明显、市场竞争力强的产品集中进行开发，培植名牌，扩大规模，形成优势。尤其要把增强无公害、绿色食品骨干加工企业的带动能力和市场竞争力作为发展生态产业的重中之重。

## 五、建立无公害与绿色农产品市场消费支持体系

培育无公害与绿色食品消费体系也是促进生态农业发展一个重要方面：一是要建设无公害与绿色食品市场，开展无公害与绿色食品批发配送，并开辟网上市场，建立专门的食品超市，开展无公害与绿色食品的出口贸易和无公害与绿色食品生产资料的营销等。二是要围绕无公害与绿色农产品原料生产基地和加工基地，建设一批辐射能力强的批发市场。三是要强化对无公害与绿色农产品的宣传力度，普及生态农业知识，提高全社会对无公害与绿色农产品的认知水平，畅通无公害与绿色农产品的消费渠道。四是要组织实施无公害与绿色农产品名牌战略，鼓励各类企业创立名牌，增大无公害与绿色农产品在国内外的知名度，进一步提高其市场占有率。五是要密切跟踪绿色农产品国际标准的变化，加强国际市场信息的收集与分析工作，针对国际贸易中的技术壁垒，建立预警机制，以便及时应对。

## 第四节　生态农业的模式

众多政策文件表明，绿色生态高效农业，将是今后政策扶

持的重点。农业部（现农业农村部）曾向全国征集到了370种生态农业模式或技术体系，从中筛选出十大类型生态模式，并将其作为农业部的重点任务加以推广。

## 一、北方"四位一体"生态模式

"四位一体"生态模式是在自然调控与人工调控相结合的条件下，利用可再生能源（沼气、太阳能等）、保护地栽培（大棚蔬菜）、日光温室养猪及厕所4个因子，通过合理配置形成以太阳能、沼气为能源，以沼渣、沼液为肥源，实现种植业（蔬菜）、养殖业（猪、鸡）相结合的能流、物流良性循环系统，这是一种资源高效利用、综合效益明显的生态农业模式。运用本模式冬季北方地区室内外温差可达30℃以上，温室内的喜温果蔬正常生长、畜禽饲养、沼气发酵安全可靠。

这种生态模式是依据生态学、生物学、经济学、系统工程学原理，以土地资源为基础，以太阳能为动力，以沼气为纽带，进行综合开发利用的种养生态模式。通过生物转换技术，在同地块土地上将节能日光温室、沼气池、畜禽舍、蔬菜生产等有机地结合在一起，形成一个产气、积肥同步，种养并举，能源、物流良性循环的能源生态系统工程。

这种模式能充分利用秸秆资源，化害为利，变废为宝，是解决环境污染的最佳方式，并兼有提供能源与肥料、改善生态环境等综合效益，具有广阔的发展前景，为促进高产高效的优质农业和无公害绿色食品生产开创了一条有效的途径。"四位一体"模式在辽宁等北方地区已经推广到21万户。

## 二、南方"猪—沼—果"生态模式及配套技术

以沼气为纽带，带动畜牧业、林果业等相关农业产业共同发展的生态农业模式。该模式是利用山地、农田、水面、庭院

等资源，采用"沼气池、猪舍、厕所"三结合工程，围绕主导产业，因地制宜开展"三沼（沼气、沼渣、沼液）"综合利用，从而实现对农业资源的高效利用和生态环境建设、提高农产品质量、增加农民收入等效果。工程的果园（或蔬菜、鱼池等）面积、生猪养殖规模、沼气池容积必须合理组合。在我国南方得到大规模推广，仅江西赣南地区就有 25 万户。

### 三、草地生态恢复与持续利用模式

草地生态恢复与持续利用模式是遵循植被分布的自然规律，按照草地生态系统物质循环和能量流动的基本原理，运用现代草地管理、保护和利用技术，在牧区实施减牧还草，在农牧交错带实施退耕还草，在南方草山草坡区实施种草养畜，在潜在沙漠化地区实施以草为主的综合治理，以恢复草地植被，提高草地生产力，遏制沙漠东进，改善生存、生活、生态和生产环境，增加农牧民收入，使草地畜牧业得到可持续发展。

包括：牧区减牧还草模式、农牧交错带退耕还草模式、南方山区种草养畜模式、沙漠化土地综合防治模式、牧草产业化开发模式。

### 四、农林牧复合生态模式

农林牧复合生态模式是指借助接口技术或资源利用在时空上的互补性所形成的两个或两个以上产业或组分的复合生产模式（所谓接口技术是指联结不同产业或不同组分之间物质循环与能量转换的连接技术，如种植业为养殖业提供饲料饲草，养殖业为种植业提供有机肥，其中利用秸秆转化饲料技术、利用粪便发酵和有机肥生产技术均属接口技术，是平原农牧业持续发展的关键技术）。

平原农区是我国粮、棉、油等大宗农产品和畜产品乃至蔬菜、林果产品的主要产区，进一步挖掘农林、农牧、林牧不同产业之间的相互促进、协调发展的能力，对于我国的食物安全和农业自身的生态环境保护具有重要意义。

包括："粮饲—猪—沼—肥"生态模式及配套技术、"林果—粮经"立体生态模式及配套技术、"林果—畜禽"复合生态模式及配套技术。

## 五、生态种植模式及配套技术

是在单位面积土地上，根据不同作物的生长发育规律，采用传统农业的间、套等种植方式与现代农业科学技术相结合，从而合理充分地利用光、热、水、肥、气等自然资源、生物资源和人类生产技能，以获得较高的产量和经济效益。

## 六、生态畜牧业生产模式

生态畜牧业生产模式是利用生态学、生态经济学、系统工程和清洁生产的思想、理论和方法进行畜牧业生产的过程，其目的在于达到保护环境、资源永续利用的同时生产优质的畜产品。

生态畜牧业生产模式的特点是在畜牧业全程生产过程中既要体现生态学和生态经济学的理论，也要充分利用清洁生产工艺，达到生产优质、无污染和健康的农畜产品；其模式的成功关键在于实现饲料基地、饲料及饲料生产、养殖及生物环境控制、废弃物综合利用及畜牧业粪便循环利用等环节能够实现清洁生产，实现无废弃物或少废弃物生产过程。

现代生态畜牧业根据规模和与环境的依赖关系分为复合型生态养殖场和规模化生态养殖场两种生产模式。包括：综合生态养殖场生产模式、规模化养殖场生产模式、生态养殖场产业开发模式。

## 七、生态渔业模式及配套技术

该模式是遵循生态学原理，采用现代生物技术和工程技术，按生态规律进行生产，保持和改善生产区域的生态平衡，保证水体不受污染，保持各种水生生物种群的动态平衡和食物链网结构合理的一种模式。包括以下几种模式及配套技术。

池塘混养模式及配套技术。池塘混养是将同类不同种或异类异种生物在人工池塘中进行多品种综合养殖的方式。其原理是利用生物之间具有互相依存、竞争的规则，根据养殖生物食性垂直分布不同，合理搭配养殖品种与数量，合理利用水域、饲料资源，使养殖生物在同一水域中协调生存，确保生物的多样性。

包括：鱼池塘混养模式及配套技术、鱼与渔池塘混养模式及配套技术。

## 八、丘陵山区小流域综合治理利用型生态农业模式

我国丘陵山区约占国土 70%，这类区域的共同特点是地貌变化大、生态系统类型复杂、自然物产种类丰富，其生态资源优势使得这类区域特别适于发展农林、农牧或林牧综合性特色生态农业。

包括："围山转"生态农业模式与配套技术、生态经济沟模式与配套技术、西北地区"牧—沼—粮—草—果"五配套模式与配套技术、生态果园模式及配套技术。

## 九、设施生态农业及配套技术

设施生态农业及配套技术是在设施工程的基础上通过以有机肥料全部或部分替代化学肥料（无机营养液），以生物防治和物理防治措施为主要手段进行病虫害防治，以动、植物的共

生互补良性循环等技术构成的新型高效生态农业模式。

## 十、观光生态农业模式及配套技术

该模式是指以生态农业为基础，强化农业的观光、休闲、教育和自然等多功能特征，形成具有第三产业特征的一种农业生产经营形式。

主要包括：高科技生态农业园、精品型生态农业公园、生态观光村和生态农庄4种模式。

# 第五节　绿色防控

农作物病虫害绿色防控是指以确保农业生产、农产品质量和农业生态环境安全为目标，以减少化学农药使用为目的，优先采取生态控制、生物防治和物理防治等环境友好型技术措施控制农作物病虫害的行为。

## 一、杀虫灯使用技术

杀虫灯是利用昆虫对不同波长、波段和光的趋性进行诱杀，有效压低虫口基数，控制害虫种群数量，是重要的物理诱控技术。目前主要有太阳能频振式杀虫灯和普通用电的频振式杀虫灯两大类。可在水稻、蔬菜、茶叶和柑橘等作物上应用，杀虫谱广，作用较大。对大部分鳞翅目、鞘翅目和同翅目害虫诱杀作用强。

杀虫灯使用时间，普通频振式杀虫灯每年4—11月在害虫发生为害高峰期开灯，每天傍晚至次日凌晨开灯。太阳能杀虫灯安装后不需要人工管理，每天自动开关诱杀害虫。一般每

50 亩 * 安装 1 盏灯。

## 二、诱虫板使用技术

色板诱杀技术是利用某些害虫成虫对黄色或蓝色敏感，具有强烈趋性的特性，将专用胶剂制成的黄色、蓝色胶粘害虫诱捕器（简称黄板、蓝板）悬挂在田间，进行物理诱杀害虫的技术。

诱虫种类：黄板主要诱杀有翅蚜、粉虱、叶蝉、斑潜蝇等害虫；蓝板主要诱杀种蝇、蓟马等害虫。

挂板时间：在苗期和定植期使用，期间要不间断使用。

悬挂方法：温室内悬挂时用铁丝或绳子穿过诱虫板的悬挂孔，将诱虫板两端拉紧，垂直悬挂在温室上部，露地悬挂时用木棍或竹片固定在诱虫板两侧，插入地下固定好。

悬挂位置：矮生蔬菜，将粘虫板悬挂于作物上部，保持悬挂高度距离作物上部 0~5cm 为宜；棚架蔬菜，将诱虫板垂直挂在两行中间，高度保持在植株中部为宜。

悬挂密度：在温室或露地每亩可悬挂 3~5 片，用以监测虫口密度；当诱虫板上诱虫量增加时，悬挂密度为：黄色诱虫板规格为 25cm×30cm 的 30 片/亩，规格为 25cm×20cm 的 40 片/亩。同时可视情况增加诱虫板数量。

后期管理：当诱虫板上黏着的害虫数量较多时，及时将诱虫板上黏着的虫体清除，以重复使用。

诱捕器安放高度：诱捕器可挂在竹竿或木棍上，固定牢，高度应根据防治对象和作物进行适当调整，太高、太低都会影响诱杀的效果，一般斜纹夜蛾、甜菜夜蛾等体型较大的害虫专用诱捕器底部距离作物（露地甘蓝、花菜等）顶部 20~30cm，

---

\* 1 亩 ≈ 667m$^2$。全书同

小菜蛾诱捕器底部应距离作物顶部 10cm 左右。同时，挂置地点以上风口处为宜。

### 三、食诱剂使用技术

食诱剂技术是通过系统研究昆虫的取食习性，深入了解化学识别过程，并人为提供取食引诱剂和取食刺激剂，添加少量杀虫剂以诱捕害虫的技术。

天敌昆虫主要有两种，一种是捕食性天敌，一种是寄生性天敌。捕食性天敌种类很多，最常见的有蜻蜓、螳螂、猎蝽、刺蝽、花蝽、草蛉、瓢虫、步行虫、食虫虻、食蚜蝇、胡蜂、泥蜂、蜘蛛以及捕食螨类等。这些天敌一般捕食虫量大，在其生长发育过程中，必须取食几头、几十头甚至数千头的虫体后，才能完成它们的生长发育。

寄生性天敌是寄生于害虫体内，以害虫体液或内部器官为食，致使害虫死亡，最重要的种类是寄生蜂和寄生蝇类。

# 第二章　农作物绿色生态栽培新技术

## 第一节　水稻栽培新技术

水稻直播栽培技术具有省工省种、早发早育、增产增收等优势，农民都愿意接受，特别是在机械化种植水平不断提高的形势下，应用前景广阔。推广水稻直播栽培技术，田间整地是重点，大田除草是关键，适量播种是保障，配方施肥、科学管水是手段。

### 一、精细整地

播种前两天把地整好，要求"田平如镜，泥软不烂，八尺开厢，浅水待播"。田平有利于防止凹处长年积水、烂种，凸处长期干旱死苗。有利于节约用水，提高农药防治杂草的效果，防止除草剂药害伤苗；泥软不烂，可防止秧板过硬，谷子不易扎根立苗或因过烂陷子造成乱种死苗；八尺开厢，便于日后追肥、施药、除杂草等田间管理。

### 二、适时适量播种

根据品种特性，合理确定播种期。早稻以平均温度稳定在15℃左右播种为宜，一般在4月上中旬；中稻应根据前茬作物而定，要求前茬作物收割后立即播种，时间在5月上中旬，一季晚稻的迟熟品种在6月上旬播完；早、中熟品种在6月中旬播完。

直播水稻一定要控制播种量，不宜过大。因为它的苗期以湿润管理为主，分蘖节位低、分蘖早、分蘖能力强，用量过大，容易过早封行，无效分蘖多，消耗养分，诱发病虫害而减产。适宜的播种量为：常规早稻每亩 5kg，即每平方米有谷子300 粒，基本苗 250 株；杂交早稻每亩 2.5kg 即每平方米 170粒，基本苗 150 株；常规中稻每亩 3kg，即每平方米有谷子200 粒，基本苗 160 株；中杂每亩 1.5kg，即每平方米有谷子80 粒，基本苗 65 株；常规晚稻每亩 5kg，即每平方米有谷子290 粒，基本苗 240 株。要达到上述标准，要做好三项工作，一是精选种子，种子要饱满，成熟度一致，发芽率在 90% 以上；二是要催芽播种，谷种要有根有芽，根短芽壮（早稻要摊种炼芽）；三是要根据田间用种量，分厢分段过秤定量来回匀播，防止过稀或过密。

### 三、严把除草关

直播水稻田间秧苗少，且苗期秧的生长势弱，杂草生长势强，给杂草生长留下了一定空间，如果治草不力，就会造成草吃苗的情况。抓好化学除草，是推广水稻直播栽培技术的关键。直播水稻田化学除草有两种方法，即封补法和杀补法（在水稻生长期间，同一种除草剂只能使用一次，严禁使用第二次）。一是封补法，在播种后秧苗 1 叶 1 心前，每亩用35.75% 苄嘧磺隆可湿性粉剂，50% 禾草丹乳油 150g 对水 40kg喷雾或拌土 20kg 撒施，施药后田间应保持一层水膜，以不淹秧苗心叶为宜，保持水层 3~5 天（早稻 5 天），然后晒田，轻晒，防止重晒影响药效。在秧苗 5 叶 1 心时根据田间杂草种类情况补施农药，做到草药对口，如稗草用禾大壮补施，千金子用氰氟草酯喷施，水花生用氯氟吡氧乙酸喷雾等。二是杀补法。在秧苗 2 叶 1 心至 3 叶 1 心时根据田间杂草种类，选择对口农药防治，施药 10 天后观察田间杂草生长情况补施，防治选择在晴天进行，施药前排干田间的渍水，施药后晒田 48h 后再灌浅水，不淹秧心，防止药害。如稗草，在 3 叶 1 心时每亩用 50%二氯喹啉酸可湿性粉剂 30~50g 对水 30kg 喷施；千金子，在 2 叶 1 心时每亩用 10%氰氟草酯乳油 50ml 对水 30kg 喷施；莎草科杂草，在 2 叶 1 心时用 35%苄·二氯可湿性粉剂每亩 40g 对水 30kg 喷施。苋科的水花生等杂草在 3 叶 1 心时，每亩用 20%氯氟吡氧乙酸乳油 50ml 对水 30kg 喷雾。

直播水稻由于没有株行距，田间通风透光条件差，极易发生纹枯病、稻象甲、稻飞虱等病虫害，应加强病虫害防治工作，发现问题，尽早施药防治。如纹枯病，每亩用 5%井冈霉素水剂 200~250ml 对水 30kg 喷施水稻中下部，连续防治 2 次；为防治稻象甲、稻飞虱等应在灌水整田前将田四周杂草除尽，稻象甲、稻飞虱田间发生时，立即施药防治，严重田块防治 2 次为宜。

### 四、科学管水，配方施肥

播种后灌水 12h 后放水息田，日灌夜排，使田间保持湿润和通透，促进根系下扎，同时，早稻应注意防寒潮，晚稻要注意防烈日晒硬秧床。等秧苗 2 叶 1 心后，田间灌一薄层水，让其自然落干，轻晒 1~2 天，晒至田边发白，但不能发裂，再灌浅水，5 叶时移密补稀，够苗后实施晒田结扎控苗，一般早、晚稻每亩总苗数 30 万，中、晚稻每亩对苗数 25 万左右为宜。当然，晒田控苗要做到"时到不等苗，苗到不等时"。晒田程度根据具体田块而定，湖田、烂泥田重晒至田间发大裂，脚踩不下陷。一般田块晒至中小裂，田面发白，沙质田轻晒。

孕穗期至抽穗期，田间保持 5~7cm 深的水层，齐穗期至黄熟期实行湿润管理，干干湿湿，严防断水过早。

直播水稻以施基肥为主，追肥为辅，即在土地翻耕前施足基肥，早稻每亩施 30% 复混肥 50kg；中稻每亩施 30% 复混肥 60kg，中期杂交水稻另外追加钾肥 5kg；晚稻每亩施 30% 复混肥 60kg。然后看苗施肥，分蘖时每亩追加尿素 5kg，一般不追施穗肥，防止肥害倒伏。

## 五、防治病虫

### （一）生物防治

利用捕食害虫或寄生于害虫体内外的生物以抑制或控制害虫的发生发展；利用田间有益动物——蛙类治虫；使用生物农药井冈霉素、苏云金杆菌等生物农药。

### （二）物理防治

根据害虫对某些物理因素反应规律，利用物理因子的作用防治害虫。利用灯光进行田间诱杀；采取人工捕捉、拔除病株防治病虫害。

### （三）化学防治

利用化学农药进行病虫草害的防治。选用高效、低毒、低残留农药，严禁使用剧毒、高毒、高残留及具有三致（致畸、致癌、致突变）作用的农药。一般情况下，防治稻瘟病可选用三环唑；防治细菌性条斑病、白叶枯病可选用氯溴异氰尿酸；防治纹枯病、稻曲病可选用井冈霉素；防治立枯病可选用敌磺钠；防治稻飞虱可选用吡虫啉；防治螟虫可选用 200g/L 氯虫苯甲酰胺悬乳剂或 5% 甲维盐微乳剂。喷洒农药时，力求做到五"准"：一是病虫诊断要准。二是用药要准，对症下药。三是药液配对要准，按说明书剂量要求配药。四是面积要准，以便准确用量。五是时间要准，一般选择 15 时后喷药。若喷药后 4h 内降雨，药液被冲洗，雨后天晴应补喷。

## 六、收获与贮藏

### （一）收获时期

黄熟期及时收获，避免营养物质倒流损失。稻谷成熟度达 85%~90%时收获，选择晴天，边收边脱粒，避免堆垛时间过长烧堆，影响米质。

### （二）方法和要求

收获过程中，禁止在沥清路（场）和已被化工、农药、工矿废渣、废液污染过的场地上脱粒、碾压和晾晒。

### （三）产品包装、运输、加工等后续环节控制

（1）产品运输。运输车辆无污染，专车专货调运，严禁一车多货以及与有污染的化肥、农药及其他有污染的化工产品等混运。

（2）仓贮。必须实行一仓一品种或同仓分品种堆放贮存，防止二次污染。要经常检查温度、湿度和虫鼠霉变的防范工作。

（3）包装。无公害水稻和稻米的包装必须用专用包装袋包装，包装上必须印有无公害农产品标志图案，标明无公害水稻的主要项目指标。

# 第二节　玉米栽培新技术

## 一、品种选择

低山、平原、丘陵地区推广掖单 13、西玉 3 号，搭配华

玉 4 号、中单 32、澄海 1 号、华科 1 号、中科 10 号、金中玉、华甜玉 2 号、远征 808 等；棉田套种选用矮秆、生育期短的掖单 22、掖单 51 等；城郊以鲜食为主，可种植中糯 1 号等糯玉米。

## 二、育苗移栽

采用肥团或营养钵（袋）育苗，用 30%~40% 腐熟厩肥，60%~70% 疏松肥沃土，1%~2% 磷肥，0.5% 尿素（水溶液）混合过筛，充分混合堆积发酵 5~7 天备用。将配置好的营养土加水拌匀，以手捏成团，落地即散为宜。用手捏成团或装钵（袋），团的大小直径 5~6cm，在团（钵、袋）的表面用食指压一小孔，深 1~2cm，然后置于床内。种子播前按常规方式进行选种、晒种、浸种催芽，播种时把种子胚根向下放入已制好的营养团（块）上部小孔里，每孔放一粒种子。播种后用过筛细土覆于营养团（袋、钵）上部，覆土厚度 1~2cm，以看不见团为准，然后浇足水。可用稻草覆盖保湿，然后用塑料拱棚育苗，拱棚高 17cm 左右，播种后 5~7 天出苗。每 3 天检查 1 次，如苗床表土发白，要揭膜浇水，浇后盖严。床温宜控制在 20~25℃，若超过 30℃揭开两端通风。2~3 叶时炼苗，第一天揭膜 1/3，第二天揭膜 2/3，第三天全部揭开。移栽的前一天浇足清粪水。播种期为 4 月上旬。

## 三、田间管理

### （一）地膜管理

播种后及时检查，发现地膜破损，应在破膜处及时用土封严，同时注意观察幼苗，当幼苗开始顶膜时，要及时破膜放苗。

## （二）苗期管理

出苗后若有缺苗，应及时移栽补苗，一般 3~4 叶时间苗，4~5 叶期定苗，留大小一致健壮苗，亩保苗 4 000~5 000 株，并防止春季大风揭膜。先播种后覆膜的地块要及时破孔放苗，放苗孔越小越好，每孔放苗 1~2 株，然后用土将苗孔封严。放苗时间应在上午或下午，避开大风和中午热天。

## （三）根据苗情，适时追肥

玉米在拔节期和孕穗期是需水需肥较大的两个关键时期，应根据地块实际及时追肥。此期可于叶面喷施磷酸二氢钾 1~2 次，同时根据实际可结合降雨亩施尿素 25~30kg。

## （四）防除杂草

地膜覆盖，在日照充足、连续高温的条件下，有抑制杂草的作用。但地膜覆盖的增温保湿效应，在改善作物生长的同时，也改善了杂草滋生的条件，特别是阴雨天多的地区，往往由于膜下杂草丛生，将地膜撑起顶破，不但影响地膜效应，而且消耗大量养分，影响增产效果。因此，覆膜玉米仍应注意防除杂草。一个有效的方法就是施用除草剂，但要注意掌握两条原则：一是因草施药，二是适量用药。

## （五）病虫害防治

播前采用 40% 甲基异硫磷进行土壤药剂处理和拌种，出苗后如发现地老虎为害，用 2.5% 溴氰菊酯乳油灌根，每亩用量 20~30ml；用 50% 巴丹可湿性粉剂拌炒香的米糠或麦麸（1∶50）撒于玉米地中诱杀幼虫；黏虫防治用 2.5% 的溴氰菊酯乳油或 4.5% 的高效氯氰菊酯乳油 20~30ml/亩，对水 50kg喷施。玉米螟用 50% 辛硫磷 1 000 倍液灌心叶或 3% 的杀螟丹颗粒剂，每株投药 0.2g 防治；纹枯病可用井冈霉素防治；大、小斑病的防治可用多菌灵可湿性粉剂 500 倍液，用 50% 肿·

锌·福美双可湿性粉剂 800 倍液，还可用 75%百菌清可湿性粉剂 500~800 倍液，每隔 7 天喷施 1 次，连续 2~3 次防治。

### （六）辅助授粉

覆膜玉米密度大，生长旺盛，开花期集中，为了降低秃尖率和秃尖长度，提高结实率，在玉米散粉后期进行 2~3 次的人工辅助授粉是必要的。可以将散粉后期有限的花粉充分利用，授到迟抽出的花丝上，从而增加果穗的行粒数，减少秃尖度。人工辅助授粉方法比较简便，即在散粉后期，上午露水下去后，8—10 时，可在田间逐行用木棒轻敲植株，或拉绳摆动植株促使花粉散开进行辅助授粉。

## 四、适期收获

当玉米苞叶干枯、籽粒变硬发亮时，即可收获。

# 第三节　小麦栽培新技术

## 一、选择良种

小麦品种选择主要掌握 3 个原则：一是选用大穗大粒型品种，二是选用矮秆抗倒品种，三是选用早熟、优质、丰产性好的品种。

## 二、适期早播

为争得较长的冬前有效生长期，套播麦首先要坚持适期播种，尽可能早播。10 月下旬至 11 月初播种较为适宜。在原则上要根据实际，看天气，看墒情，看前茬作物水稻的品种不同收获期不同而确定，很重要的一点是要掌握合理的稻麦共生期，以 3~5 天为适宜，不超过 5 天。过早播种稻麦共生期太长，影响小麦光照，幼苗细嫩，苗质弱；过迟播种，待稻收时尚未出苗，丧失了套播早苗的优势。

## 三、适量播种

基本苗的多少是今后小麦每亩成穗多少的重要基础，而播种量决定了基本苗的多少。播种量太多，基本苗偏多，易造成幼苗拥挤，通风透光性不足，幼苗个体健壮程度差，不利于壮苗带蘗越冬。播种量过少，基本苗不足，群体偏小，不能确保今后有效穗数的形成。因此必须要适量播种，以确保有个合理的基本苗数，为足穗打好基础。依据"斤种万苗"的原则，考虑到种子的出苗率，田间成苗率以及套播麦因机收水稻操作带来的田间麦苗机械损伤，每亩以 10 ~ 12kg 播量为宜，这样能确保每亩有 16 万 ~ 18 万株的基本苗。高肥、早播可稍少，低肥、迟播可略多。

## 四、田间管理

### （一）苗期管理

苗期的生育特点是出叶、长蘗、发根，并开始幼穗分化。田间管理的主攻方向是苗全、苗匀，力争壮苗早发，促根增蘗。管理要点：查苗补缺，匀密补稀。为保证基本苗数并分布均匀，出苗后及时补种或匀密补稀，是高产栽培既简单、又十分重要的常规措施。早施苗肥，促根增蘗：在麦苗 3 叶期前后胚乳养分即已耗尽，由异养转为自养；从第 4 叶起进入分蘗阶段，次生根大量发生，幼穗同时分化。早施苗肥可以培育壮苗，增加低位分蘗，促进幼穗分化。苗肥一般在麦苗 2 叶 1 心亩用碳铵 15kg，拌过磷酸钙 15kg（或尿素 5kg 加过磷酸钙 15kg）。

### （二）拔节、开花期管理

生育特点是叶面积迅速增加，茎秆伸长，幼穗分化长大，干物质积累加快。主攻目标是促进分蘖的两极分化，使大蘖迅速生长，小蘖很快死亡；控制基部节间过长，培育良好株型，协调群体结构，改善通风透光条件，提高对光能的利用。管理要点：巧施拔节、孕穗肥。在生产中，拔节肥占有非常重要的地位，一般可在第 1 节间定长、第 2 节间开始伸长时（一般为 2 月底到 3 月初）及时追肥，每亩施尿素 5~7.5kg，加氯化钾 7.5kg。春防渍涝：稻板麦，地下水位较高或排水不良，土壤湿度过大，会严重影响小麦生长，所以要认真清沟排渍，改善土壤通气状况，使根系发育良好，促使根深叶茂，防止倒伏。在生产上要采用综合性防倒措施，对于群体过大和已有旺长趋势的麦苗，使用生长抑制剂的效果是非常显著的，主要有矮壮素（TUR）或多效唑（MET）。矮壮素浓度为 0.25%~0.4%，每亩药液 50kg，分蘖至拔节初期喷施；多效唑（15%）粉剂每亩 40~50g，对水 50kg，在麦苗 3~5 叶期喷施。它们均能抑制细胞伸长，缩短基部节间长度，降低株高，提高小麦抗倒能力；还能提高小麦叶绿素含量，增强光合效率。

### （三）后期管理

小麦开花以后，根、茎、叶的生长基本停止，生长中心转入生殖器官的发育，光合产物主要流向籽粒。管理目标是养根护叶，防止早衰或贪青，延长上部叶片功能期，提高光合效率，力争粒大粒饱，夺取高产。防涝防渍：小麦生育后期，气温高，雨水多或因地势低洼，排水不良，土壤湿度过大，加上生育后期根系活力下降，极易窒息死亡。如果丧失吸水能力，也会发生生理干旱，形成高温逼熟，灌浆落黄不好，粒重降低、造成减产，所以清沟排渍一定要贯彻始终。叶面喷肥：抽穗开花以后，植株早已封行，提倡进行叶面喷肥，不仅肥料直接吸收利用率高达 80%以上，而且既可提高结实率，又能使千粒重增加 1~2g，每亩可增产 25~35kg，是提高产量的有效措施。一般每亩每次用喷施宝 1~2 包（10~20ml、后期缺肥田块每亩还可加尿素 0.5~1kg）对水 50kg，在孕穗期至灌浆期结合防病治虫喷施 1~2 次。防治病虫：小麦不同生育时期都有病虫为害，但生育后期更易发生，所以，要加强预测预报，以防为主。小麦主要病虫害以赤霉病、纹枯病、蚜虫为主。其中赤霉病为害最大，为了避免或减轻病虫损失，对赤霉病可用 70%甲基硫菌灵可湿性粉剂 500 倍液对水 50kg 进行喷雾，始花期防治 1 次，过 5~7 天再防治 1 次。纹枯病每亩用 5%井冈霉素 200ml 对水 50kg 喷射效果较好。蚜虫每亩用 10% 吡虫啉可湿性粉剂 20g 对水 50kg 防治。

（四）化学除草

以化学除草为主，控制杂草为害。免耕田播种前除老草：水稻等前茬作物收割后，在麦子播种前 2~3 天，每亩用 41% 草甘膦异丙胺盐水剂 150~200ml，对水 40kg 喷雾消灭前期老草。茎叶处理：在麦苗 1 叶 1 心期至 2 叶 1 心期，选用 70%氯磺·异丙隆（麦草净）可湿性粉剂 70g/亩，对水 40kg 均匀喷雾（大麦田不能用）。后期猪殃殃较多时，在小麦五叶期至拔节前每亩用 20%二甲四氯水剂 250ml 对水 40kg 喷雾防除。使用除草剂注意事项：用药量要精准，稀释要均匀，不可重喷，防止漏喷。用水量要足，干旱年份要适当增加用水量或先沟灌抗旱再施药。烂冬年份要抢晴施药，不能错过最佳用药时期。后茬作物为瓜类、豆类、棉花、玉米等的小麦田不宜使用麦草净除草剂，以免发生药害。

（五）防病治虫

冬季病虫害比较轻。一般掌握苗期百株蚜量达 800~1 000

头时，每亩 10% 吡虫啉可湿性粉剂 20g 对水 30kg 均匀喷雾；始、抽穗期每亩用 70% 甲基硫菌灵可湿性粉剂 100g 或 50% 多菌灵可湿性粉剂 80g，对水 40kg 喷雾防治赤霉病，同时，注意黏虫的防治。

## 第四节　油菜栽培新技术

优质直播油菜，省工、省本、低耗、高效，一般亩产 130kg 以上。直播油菜播期晚、播量高，个体发育差，营养体小，因此，直播油菜在一定范围内能充分利用群体生长优势，争取每亩有足够的有效角数，取得理想的产量。

### 一、选择品种

直播油菜应该选用双低油菜品种，如浙双 72、沪油 15 等。浙双 72 具有耐迟播特点。沪油 15 产量较高。要根据不同播期而灵活选用。

### 二、适时播种

提高播种质量，争早苗壮苗抓好播种质量，如采用浅耕直播，应在抢收前茬后用复式耕种机浅耕、开沟、施肥、播种一次完成或浅耕、开沟、施肥后直播。为便于田间管理以条、直播为好，每畦条播 4~5 行，行距平均在 40cm 左右。

如采用套播，晚稻田要求后期保持田土潮湿、软硬适中，农户习惯以"田土不陷脚"为适宜套播油菜的标准，在晚稻收割前 4 天播种。

套播播种期掌握在 10 月 15—25 日，直播播种期掌握在 10 月 20—25 日，最迟不超过 10 月底。播种时，将种子按 1∶10 比例与尿素拌匀后匀播。防缺苗断垄，播后若遇天气长期干旱，应进行沟灌抗旱促出苗，但严禁畦面漫灌。力争在 10 月底至 11 月初齐苗，这就确保冬前有 50 天以上的生长期。

播种可采用撒播或横条播，条播播幅宽 20~30cm，行距 40cm，亩用种量 0.3~0.5kg，做到分畦定量，用少量焦泥灰或细泥拌后，以便播种均匀。

### 三、合理密植

实践证明，出苗早、冬季长势好，每亩密度掌握在 2 万株左右，出苗迟、冬季苗体小，可增加到 3.5 万株左右。亩播量为 0.3~0.5kg。3 叶 1 心时根据出苗情况进行间苗，疏密留稀，去弱留强，并采用多效唑化学调控，3~4 片真叶时进行定苗。

### 四、化学除草

采用两次化除，首先在播种前 4~5 天进行第 1 次除草，每亩用 41% 草甘膦异丙胺盐 100ml，对水 50kg 喷施。第二次在 12 月中下旬（直播油菜 4~5 叶期）每亩用 30% 双草净 75~100ml，或亩用 50g/L 精喹禾灵乳油 40~60ml，或亩用 10.8% 高效氟吡甲禾灵 30ml，对水 30kg 喷雾。必要时采取人工除草可基本上控制田间杂草。

### 五、科学施肥

苗期应以促为主，每亩在施 15kg 纯氮条件下，增施磷、钾肥和硼肥，按 60% 氮肥作基苗肥，前期氮肥分次施用，为全苗早发奠定基础。腊肥或早春接力肥在 10% 左右，优质直播油菜的薹肥要适当早一些、重一些，施肥量占 30%，做到见蕾就施（薹高 3~5cm）促春发稳长，后期要求看苗施肥，灵活运用。

由于直播油菜生长量相对较小，所以，一定要加强科学施肥。定苗后要施苗肥，每亩施尿素 5~7.5kg；12 月底至 1 月上中旬施腊肥，每亩施尿素 7.5~10kg；2 月下旬施用薹花肥，每亩用尿素 6~8kg，再喷一次浓度为 0.3%硼砂，防花而不实；在 3 月中旬初花期看苗施壮荚肥，进行根外追肥喷 0.2%磷酸二氢钾加 1%~2%尿素溶液，以提高结实率，增粒重。

### 六、病虫害防治

为害油菜的病虫害主要有菜青虫、跳甲、蚜虫、棉铃虫等，对于菜青虫、跳甲、蚜虫的为害，可用 25%溴氰菊酯乳油 3 000 倍液喷雾防治，对于棉铃虫为害，在低龄幼虫阶段可亩用保得 40g 加万灵 20g 对水喷雾，每隔 5~7 天喷 1 次，连喷2~3 次。

在油菜初花期防菌核病，再隔 7~10 天防第二次菌核病。花期防病时结合喷施天缘肥。另外，后期清沟排水，提高根系活力。

### 七、适时收获

油菜成熟应适时收获，收获过早，角果发育不成熟，收获过晚，角果过熟，果壳易炸裂，籽粒散落，造成浪费。"沪油15"落粒性特别好，当充分成熟时，角果会自然爆裂，适宜收获期是当全田 80%左右角果呈淡黄色或主轴大部分角果籽粒黑褐色时进行收割，防止割青。

# 第五节　马铃薯栽培新技术

马铃薯具有营养丰富、粮菜兼用、高产高效、生育期短的特点。近年来，随着农业结构的调整，马铃薯的种植面积逐年增加。其主要高产栽培技术如下。

## 一、选用良种

马铃薯春秋二季作区，应选用结薯早、块茎膨大快、休眠期短、高产、优质、抗病的早熟品种，如豫马铃薯 1 号、豫马铃薯 2 号等。这些品种最好是脱毒薯种，脱毒薯出苗早、植株健壮、叶片肥大、根系发达、抗逆性强、增产潜力大。

## 二、精细整地

地块选择土壤肥沃、地势平坦、排灌方便、耕作层深厚、土质疏松的沙壤土或壤土。前茬以禾谷类作物、豆类、棉花、萝卜、大白菜等为宜，不宜以茄科作物，如茄子、辣椒、番茄、烟草等为前茬，以减轻病害的发生。

前茬作物收获后，应及时深耕 30cm 左右，使土壤冻垡、风化，以接纳雨雪，冻死越冬害虫。早春解冻后应及早耕耙，达到耕层细碎无坷垃、田面平整无根茬，保住墒情，以待播种。

## 三、施足底肥

马铃薯是高产喜肥作物，结合早春整地，施足底肥。底肥一般亩施优质腐熟有机肥 4 000~5 000kg、尿素 20kg、过磷酸钙 50kg、硫酸钾 30~40kg。切块催芽春播每亩需种薯 120kg 左右，播前一个月将种薯放在温度 15~20℃的黑暗环境中春化处理。播前 20~25 天将种薯切块，每块有 1~2 个芽眼，重量 25~30g。种薯切块后用 600 倍多菌灵悬浮液冲洗切口表面淀粉，晾干后放在温度为 15~18℃的室内用沙土层积法催芽，待芽长到 2cm 左右时，放在散射光下晾晒，芽绿化变粗后即可播种。

## 四、适时播种

春播马铃薯的适宜播期为 2 月下旬至 3 月上旬，若播种过早，幼苗易受冻害。播种过晚，薯块膨大时正处于高温多雨季节，地上部茎叶易徒长，影响块茎养分积累，导致严重减产，且薯块易感染病害烂薯，不耐贮藏。

## 五、合理密植

采用起垄宽窄行栽培，垄距 1m、垄顶宽 60cm、垄高 15cm，一垄双行，宽行 70cm、窄行 30cm、株距 25~30cm。开沟播种，薯块在沟内芽朝上摆好后，每亩用 3% 辛硫磷颗粒剂 2~3kg，对细土 15~20kg 顺沟均匀撒施，以防地下害虫。然后覆满沟土，镇压平整，每亩用 72% 异丙甲草胺乳油 100ml 或 50% 乙草胺乳油 120ml，对水 40~50kg 均匀喷雾防治杂草，随后立即覆膜。

## 六、加强田管

### （一）及时破膜

播种 20~25 天后苗将陆续顶膜，选择晴天及时将地膜破孔放苗，并用细土将破膜孔掩盖。

### （二）中耕培土

结合追肥、浇水，分别在现蕾初期和开花初期各培土一次，以防块茎露出地面。

### （三）肥水管理

结合墒情，在齐苗期、现蕾期、开花期、薯块迅速膨大期各浇水一次。结合浇水视苗情，在开花初期亩追施尿素 10~15kg，收获前 5~7 天停止浇水，以防田间烂薯和影响薯块储藏。此外，在植株生长中后期叶面喷施 0.2%~0.3%磷酸二氢钾溶液两次，每亩每次 40~50kg，以防早衰。

（四）化控

在现蕾开花期，对徒长趋势的田块，每亩用 15%多效唑 20~25g，对水 40~50kg 喷雾，控制徒长。

（五）病虫防治

病毒病发病初期用 20%吗啉胍·乙铜可湿性粉剂 500 倍液或 0.5%烷醇·硫酸铜 50~70ml/亩喷雾防治。晚疫病发病初期用 64%噁霜灵·锰锌可湿性粉剂 500 倍液或 25%甲霜灵 600 倍液喷雾防治，每隔 7 天喷药 1 次，连喷 3 次。防治蚜虫可用 10%吡虫啉可湿性粉剂 2 000 倍液，或 50%抗蚜威可湿性粉剂 2 000~3 000 倍液喷雾防治。

## 七、适时收获

春马铃薯不一定等到成熟后再收获，应视市场需求，掌握在高温和雨季到来前进行，收获应选晴天土壤干爽时进行。

# 第六节　大豆栽培新技术

## 一、适时早播

春大豆播种期正值低温多雨季节，播种过早，受低温、渍水影响，造成烂种、缺苗；播种过迟，营养生长期缩短，产量降低。早播可延长营养生长期，有利高产。如果是旱地种植，早播可避旱夺丰收。

## 二、合理密植

种植密度应根据薄地宜密、肥地宜稀的原则。早、中熟品种在中等肥力或中等以上肥力的稻田、旱地种植，单作以每亩保苗 2.3 万~2.5 万株为好，土壤肥沃、品种生育期较长，单作则以每亩保苗 2 万株以下为宜。一般采用穴播，行、穴距根据密度进行调整，每亩保苗 2 万株以上时，行、穴距为 33cm×20cm，每穴播 4~5 粒，留 3~4 株苗；每亩保苗 2 万株以下时，行、穴距为 33cm×33cm，每穴播 4~5 粒，留 3~4 株苗。

### 三、播种质量

播种前精细选种，种子选后要晒种 1~2 天，提高种子生活力，增强发芽势，加快出土速度。3 月中旬以后当土温上升到 10℃以上时抢晴天播种，丘陵旱土实行浅播浅盖，以避免种子入土过深而造成出土困难。河流冲积土实行浅播浅盖，磨板轻压保墒保出苗。

播种时采用钼肥拌种，可提高大豆产量，还能增加豆粒中的蛋白质和水溶性蛋白的含量，提高大豆品质。钼是大豆植株中硝酸还原酶和根瘤中固氮酶的组成部分。大豆生长中适量的钼不但可以增强大豆对磷的吸收，促进根瘤的形成，提高根瘤的固氮效能。具体方法是：将 10g 钼酸铵溶解于 250g 温水（40~60℃），冷却后拌大豆种子 5kg。拌种时不能用力搓揉种子，防止种皮破损影响发芽，种子要随拌随播，不能放置过夜，以防影响种子发芽率。

### 四、科学施肥

大豆根瘤菌虽有固氮作用，但不能满足高产要求。研究结果表明，南方春大豆每公顷产量 2 550kg 籽粒，每 100kg 籽粒需氮 9.87kg、五氧化二磷 1.07kg、氧化钾 3.92kg，氮磷钾比例为 1∶0.11∶0.40。因此，春大豆要获得高产，一般每亩用土杂肥 1 500~2 000kg、过磷酸钙 25~30kg、硼肥 1kg，堆沤后作盖籽肥。三叶期以前在雨前或雨后每亩追施复合肥或尿素 8~10kg，始花前追尿素 3~5kg。

## 五、田间管理

大豆出苗后马上进行查苗补缺，1~2 片复叶全展时进行间苗，三叶时定苗。在苗期及时中耕除草与清沟排水，并结合间苗定苗，清除田间病株，适时防治地老虎。开花结荚期适时喷施农药，以防治多种食叶性害虫及豆荚螟等。南方地区有时干旱不断，气温灼热，有时又阴雨连绵，土壤潮湿，易于发生病虫害。为防止病虫的交差感染和传播，可采取综合防治措施。对土蚕、蟋蟀、毛虫、蚜虫、叶螨、蟓子、椿象等害虫可用乐果、吡虫啉、甲维盐高效氧氰菊酯等农药防治，食心虫用甲氰菊酯防治。对根瘤病、霜霉病，纹枯病可用敌磺钠、甲霜·噁霉灵、琥铜·甲霜灵、井冈霉素、甲基硫菌灵等农药喷施防治。鼠害严重的地方，可在初花期用杀鼠醚、溴敌隆等药物统一防治。

## 六、抢晴收获

春大豆成熟季节，往往是多雨季节，在大豆叶片落黄后就要抢晴天收获，防止雨淋导致种子在荚上霉变，影响品质和产量。

# 第七节　节水灌溉技术

## 一、设施农业节水灌溉

灌溉是温室作物栽培中唯一水分来源，灌溉用水消耗量大。温室设施是一个半封闭的体系，与大田作物栽培相比较，具有湿度高、室内风速较低、水分—土壤—植物—空气有着独特封闭性的特点。因此，掌握温室设施中作物节水灌溉技术，同时结合温室湿度控制策略，有效控制实施温室作物灌溉量，缓和温室高湿环境的矛盾，这对指导温室作物精量灌溉与按需灌溉，进一步提高灌溉水的利用率和生产效率，改善温室作物的生长环境，以及改善作物品质与提高产量均具有十分重大的意义。设施农业节水灌溉技术包括以下几种类型。

**（一）畦灌**

畦宽为蔬菜行距的整倍数，黄瓜、茄子等宽行距蔬菜一般为2倍；甜椒等中等行距蔬菜为2~3倍；莴笋、豌豆等窄行距蔬菜为3~4倍；小葱、菠菜等密植蔬菜的倍数不严格。畦宽1~1.5m为宜，畦宽与所采用的耕作机具的工作幅度相适应。一般畦长8~10m，行水平稳，浇水均匀。畦埂底宽25cm，高10~14cm。

**（二）传统沟灌**

适用于灌溉设施农业宽行距作物，如黄瓜、西瓜、西葫芦、番茄、豆类、草莓等蔬菜作物。沟灌法比较适宜的土壤是中等透水性的土壤。

传统的沟灌由于灌溉简便，除水费外几乎没有其他投入，仍然是目前蔬菜生产中的主要灌水方式，水资源浪费严重，蔬菜水分管理不合理，尤其是空气相对湿度比棚室外高3~4倍，一般在80%~90%。夜间棚室内地温下降，表层土壤不断散发热量，棚室内外温差增大，遇冷时薄膜、蔬菜叶片上凝结大量水珠，棚内空气相对湿度有时呈饱和状态，易导致病害发生，这不仅影响蔬菜产量，也影响蔬菜品质。

**（三）膜下灌溉**

采用地膜覆盖是抑制地面蒸发的有效措施，应加大棚室蔬菜的地膜覆盖。在深秋、冬季和早春，为了保证保护地环境具有适宜于作物生长的温、湿度条件，在控制灌溉水量和水温的同时，常采用膜下沟灌和膜下滴灌。

**（四）微喷灌**

微喷灌是通过管道系统利用喷头将低压水或化学药剂以微流量低压喷洒在枝叶上或地面上的一种灌水形式。喷灌系统支管通常与作物的种植方向一致，但连栋式的日光温室中，支管通常与大棚的长度方向一致；对于棚间地块采用喷灌时，应考虑地块的尺寸。喷灌和滴灌的不同之处在于灌水器由滴头改为喷头，滴头是靠自身结构消耗掉水管的剩余压力而喷头则是用喷洒方式消耗能量。湿润面积比滴灌大，这样有利于消除含水饱和区，使水分能被土壤随时吸收，改善了根区通气条件。但在温室、大棚中使用会造成湿度增加，易发生病虫害。

**（五）滴灌**

滴灌是一种先进的灌水方法，也是当今世界上节水效果较好的一种灌溉方式。它是通过输水管内有压水流经过消能滴头，将灌溉水以水滴的形式一滴一滴地滴入蔬菜作物根部附近土壤进行灌溉，膜下滴灌法是将滴灌管覆盖在膜下进行灌溉，其目的是为了减少设施作物棵间蒸发，降低环境湿度和尽量减少由于排湿和灌溉带来的降温作用，使设施环境具有适宜的温、湿度条件和土壤具有良好的通透性。有研究表明，黄瓜滴灌比沟灌节水、增产、省工，滴灌较沟灌节水41.4%，增产23.8%。滴灌不破坏土壤结构，防止和减轻土壤板结，表土疏松，能保持良好的团粒结构，改善土壤理化性质，能调节土壤水、气、热状况，使温室大棚内5~15cm土壤层平均温度提高1.5~2.0℃，气温平均提高0.5℃，空气相对湿度度降低10%~15%，减轻病害，省水、省肥、省农药，促进蔬菜早熟，增产增收。

## （六）地下灌溉技术

地下灌溉技术包括渗灌技术和地埋式滴灌，前者是利用埋于地表下开有小孔的多孔管或微孔管道，使灌溉水均匀而缓慢地渗入保护地作物根区地下土壤，借助土壤毛管力作用而湿润土壤的灌水方法。后者是用埋在土层中滴灌管线，将灌溉水直接送入作物根层土壤。地下灌溉技术具有节水（比沟畦灌节水 71%），节能和便于中耕、不破坏土壤结构、降低保护地环境湿度、防止杂草丛生和病虫害发生、减少棵间蒸发量的特点。前期产量可增加 8%，总产量可提高 13%，结果期延长 10～15 天，是干旱地区发展节水农业，提高温室生产效益的有效途径。但不管何种形式的地下灌溉都同时存在着一些缺点：主要是输水管道易堵塞，过滤不好或不易过滤造成堵塞；灌溉区土壤盐分易积累；由于湿润范围有局限性，因而限制了蔬菜根系发展。

## 二、露地土壤高效节水灌溉技术

### （一）喷灌

喷灌比漫灌节水 30%，主要用于大田密植作物，适合区域化控制，具有增产、提高耕地利用率等优点，但运行能耗较高，蒸发损失较大，要求大容量水源，并且只能在不超过 3 级风力的条件下使用。

喷灌的优点：①节水，水的利用率达到 95%，单位面积节水达到 50%，单位面积用水定额 390m³/hm²，折合每亩用水 26m³，相当于大田漫灌用水量的 1/20；②减少地块板结，提高农作物的产量；③减少杂草生长和病虫害的滋生，减少药剂的使用，达到绿色环保。

### （二）微灌

微灌属于先进的节水灌溉技术，能够仅对作物需水部位提供所需水量，由"浇地"转换为"浇作物"。微灌用于设施农业和经济作物，适应所有地形和土壤，具有节水、增产效应，灌水均匀，至少可比喷灌节水 50%。微灌很容易实现水肥一体化。但微灌对水质及日常系统维护要求较高。微灌的优点：①省水、省工、节能。微灌是按作物需水要求适时适量地灌水，仅湿润根区附近的土壤，因而显著减少了水的损失。微灌是管网供水，操作方便，劳动效率高，而且便于自动控制，因而可明显节省劳力。同时微灌大部分属局部灌溉，大部分地表保持干燥，减少了杂草的生长，也就减少了用于除草的劳力和除草剂费用。肥料和药剂可通过微灌系统与灌溉水一起直接施到根系附近的土壤中，不需人工作业，提高了施肥、施药的效率和利用率。微灌灌水器的工作压力一般为 50~150kPa，比喷灌低得多，又因微灌比地面灌溉省水，对提水灌溉来说意味着减少了能耗。②灌水均匀。微灌系统能够做到有效地控制每个灌水器的出水流量，灌水均匀度高，一般可达 80%~90%。③增产。微灌能适时适量地向作物根区供水供肥，为作物根系活动层土壤创造了很好的水、热、气、养分状况，因而可实现稳产，提高产品质量。④对土壤和地形的适应性强。微灌的灌水强度可根据土壤的入渗特性选用相应的灌水器，并对其调节，不产生地表径流和深层渗漏。微灌是采用压力管道将水输送到每棵作物的根部附近，可以在任何复杂的地形条件下有效工作，甚至在某些很陡的土地或在乱石滩上种的树也可以采用微灌。

### (三) 滴灌

（1）水的有效利用率高。在滴灌条件下，灌溉水湿润部分土壤表面，可有效减少土壤水分的无效蒸发。同时，由于滴灌仅湿润作物根部附近土壤，其他区域土壤水分含量较低，因此，可防止杂草的生长。滴灌系统不产生地面径流，且易掌握精确的灌水深度，非常省水。

（2）环境湿度低滴灌灌水后，土壤根系通透条件良好，通过注入水中的肥料，可以提供足够的水分和养分，使土壤水分处于能满足作物要求的稳定和较低吸力状态，灌水区域地面蒸发量也小，这样可以有效控制保护地内的湿度，使保护地中作物的病虫害的发生频率大大降低，也降低了农药的施用量。

（3）提高作物产品品质由于滴灌能够及时适量供水、供肥，它可以在提高农作物产量的同时，提高和改善农产品的品质，使保护地的农产品商品率大大提高，经济效益高。

（4）滴灌对地形和土壤的适应能力较强由于滴头能够在较大的工作压力范围内工作，且滴头的出流均匀，所以滴灌适宜于地形有起伏的地块和不同种类的土壤。同时，滴灌还可减少中耕除草，也不会造成地面土壤板结。

（5）省水省工，增产增收。因为灌溉时，水不在空中运动，不打湿叶面，也没有有效湿润面积以外的土壤表面蒸发，故直接损耗于蒸发的水量最少；容易控制水量，不致产生地面径流和土壤深层渗漏。故可以比喷灌节省水 35%～75%。

**（四）膜下暗灌**

膜下暗灌技术，是蔬菜定植后，在两小行之间的沟上覆盖一层塑料薄膜，做成灌水沟，在膜下沟中进行灌溉，两个相近大行之间不覆盖地膜。其优点有三个：①它的投资成本最少，每亩成本 50 元左右。②省水，易于管理。根据试验，膜下暗灌技术比传统的畦灌节水 50%～60%，比不覆膜沟灌可节水 40%左右。③适合设施、露地等各种形式的瓜菜栽培。由于成本较低，目前在蔬菜生产中推广应用的较为普遍。

# 第三章　蔬菜绿色生态栽培新技术

## 第一节　瓜类蔬菜栽培

### 一、黄瓜

#### （一）春季大棚栽培技术

1. 温光调控

（1）定植至缓苗期。定植后 5~7 天基本不通风，保持白天 25~28℃，晚上不低于 15℃。

（2）缓苗至采收。以提高温度，增加光照，促进发根、发棵，控制病虫害的发生为主要目标。管理措施以小环棚及覆盖物的揭盖为主要调节手段。缓苗后，晴天白天以不超过 25℃为宜，夜间维持在 10~12℃，阴天白天 20℃左右，夜间 8~10℃，尽量保持昼夜温差在 8℃以上。晴天应及时揭除覆盖物，下午在室内气温下降到 18~20℃时应及时覆盖。室温超过 30℃以上，应立即通风。如室内连续降至 5℃以下时应采取辅助加温措施。

（3）采收期。进入采收期后，保持白天温度不低于 20℃，以 25~30℃时黄瓜果实生长最快。

2. 植株整理

（1）搭架。在黄瓜抽蔓后及时搭架，可搭"人"字形架或平行架，也可用绳牵引，用绳牵引的要在大棚上拉好铁丝，准备好尼龙绳，制作好生长架。

（2）整枝。及时摘除侧枝。10 节以下侧枝全部摘除，其他可留 2 叶摘心，生长后期将植株下部的病叶、老叶及摘除，以加强植株通风透光，提高植株抗逆性。整枝摘叶需在晴天10 时以后进行，阴雨天一般不整枝。整枝后为避免整枝处感染，可喷施药剂进行保护。

（3）引蔓。黄瓜抽蔓后及时绑蔓，第一次绑蔓在植株高30~35cm 时，以后每 3~4 节绑一次蔓。绑蔓一般在下午进行，避免发生断蔓。当主蔓满架后及时摘心，促生子蔓和回头瓜。用绳牵引的要顺时针向上牵引，避免折断瓜蔓。当主蔓到达牵引绳上部时，可将绳放下后再向上牵引。

3. 肥水管理

（1）追肥。

①定植至采收。定植后根据植株生长情况，追肥 1~2 次。第一次可在定植后 7~10 天施提苗肥，每亩施尿素 2.5kg 左右或有机液肥如氨基酸液肥、赐保康每亩施 0.2kg；第二次在抽蔓至开花，每亩施尿素 5~10kg，促进抽蔓和开花结果。

②采收期。进入采收期后，肥水应掌握轻浇、勤浇的原则，施肥量先轻后重。视植株生长情况和采收情况，由每次每亩追施三元复合肥（N：$P_2O_5$：$K_2O$ = 15：15：15）5kg 逐渐增加到 15kg。

（2）水分管理。黄瓜需水量大且不耐涝。幼苗期需水量小，此时土壤湿度过大，容易引起烂根；进入开花结果期后，需水量大，在此时如不及时供水或供水不足，会严重影响果实生长和削弱结果能力。因此，在田间管理上需保持土壤湿润，干旱时及时灌溉，可采用浇灌、滴灌、沟灌等方式，避免急灌、大灌和漫灌，沟灌后要及时排出沟内水分，以免引起烂根。

### （二）夏秋栽培技术

由于气温高，夏秋黄瓜蒸腾作用旺盛，需大量水分，因此必须加强肥水管理。必要时进行沟灌，但忌满畦漫灌，夜间沟灌后要及时排去积水。黄瓜生长至 20cm 左右时应及时制作生长架。可采用搭架栽培，也可采用吊蔓栽培，及时引蔓、绑蔓和整枝，生长中后期要及时摘除中下部病叶、老叶。采收阶段要追肥，采用"少吃多餐"的方法，即追肥次数可以多一些，但浓度要淡一些，每次施肥量少一点，有利黄瓜吸收。同时要加强清沟、理沟，及时做好开沟排水和除草工作。

## 二、菜瓜（西葫芦）

### （一）露地地膜覆盖栽培

播种后（定植后）至结瓜前。先播种后覆膜的，幼苗出土后气温升高时在幼苗上方将地膜划一"十"字形洞口通风，以防高温灼伤幼苗。晚霜过后，从地膜开口处将秧苗挪出膜外，并将洞穴填平，植株四周地膜裂口用土压住，防止被风吹毁。瓜苗出土后，遇有寒流侵袭时注意防霜冻。

（1）追肥灌水。定植后或出苗以蹲苗为主。当田间植株有 90% 以上坐瓜后，瓜有 0.25kg 重时，开始追肥灌水，每亩追施尿素 15~20kg、钾肥 10kg。结瓜盛期，每 15~20 天追肥 1 次，肥料用量、种类与第一次相同。大量采收期，要保持土壤湿润，每 7~10 天灌水 1 次，每次灌水应在采瓜前 2~3 天进行，夏季灌水应在早晚进行，水量不宜过大。生长中后期，喷施叶面宝或 0.2% 磷酸二氢钾水溶液或尿素作叶面肥，10 天 1 次，防止早衰。

（2）中耕除草、打老叶、疏花疏果。定植缓苗或直播出苗后，在畦（垄）沟内中耕松土，清除杂草，边松土边打碎土坷垃，拍实保墒，一般进行2~3次，及时摘除病叶、老叶、畸形瓜，雌花太多要进行疏花疏果。

（3）保花保果。茭瓜属异花授粉作物，所以雌花开放必须进行人工授粉，防止雌花脱落。人工授粉在9—10时进行，方法：将当天开放的雄花的花药摘下，插入雌花的柱头内，雄花少时，每朵雄花可授2~3朵雌花。如果雄花不足，可用丰产剂2号或防落素涂抹雌花柱头，亦可防止落花落瓜。

**（二）中小拱棚栽培**

1. 栽培季节

3月上旬播种育苗，3月下旬至4月上旬定植，5月中旬采收。

2. 品种选择

品种主要有凯旋2号、双丰2号、百利等。

3. 栽培技术

（1）整地作畦施肥。头年前作物收获后，清洁地块，秋耕晒垡，灌好冬水。次年2月中下旬扣膜暖地。头年秋耕前或次年春覆膜前，每亩施腐熟有机肥5 000~7 000kg，磷酸二铵25kg或油饼25kg，硫酸钾20kg，过磷酸钙40kg。基肥施入地化冻后，深翻晒地，定植前耙碎土地，整平地面作垄，垄高20~25cm、宽60cm、沟宽30~40cm、垄距80cm，或作高畦，畦宽1.2m、高20~25cm、沟宽40cm。

（2）定植。

①定植时间。4月上旬定植。

②定植方法。选晴天上午，定植时先铺地膜，按50cm株距在畦面上打孔，高畦每畦栽两行，高垄每垄栽一行，将苗栽入后覆土，再顺畦（垄）沟灌水，水量以离畦（垄）面10cm

为宜。

③定植密度。一般行距 80cm，株距 50cm，每亩栽苗 1 600 株左右。

（3）田间管理。

①追肥灌水。定植后以蹲苗为主，一般不灌水。当田间 90%以上植株坐瓜后，结合追肥开始灌水，每亩施尿素 20kg。结瓜盛期 10 天左右灌水 1 次，每 15~20 天追肥 1 次，肥料用量、种类与第一次相同。生长到中后期，喷施叶面宝或 0.2%磷酸二氢钾水溶液或尿素作叶面肥，10 天 1 次，防止早衰。

②温、湿度管理。定植后，要密闭保温，促进缓苗，白天温度保持在 30~32℃，最高不超过 35℃，相对湿度维持在 80%~85%。缓苗后到结瓜前，要适当放风，降低棚温，白天温度为25~29℃。5 月下旬以后，白天要揭开底边大通风，相对湿度维持在 50%~60%。6 月中旬以后，要日夜通风。7 月上旬可揭膜。

③中耕、除草、打老叶、疏果。定植缓苗后，在畦（垄）沟内中耕松土，清除杂草，灌水前一般进行 2~3 次，并及时摘除病叶、老叶及畸形瓜，疏去过多的雌花。

④保花保果。每天 9—10 时，将当天开放的雄花的花药摘下，插入雌花的柱头内，雄花少时，每朵雄花可授 2~3 朵雌花，或用丰产剂 2 号或防落素涂抹雌花柱头，可防止落花落瓜。

（4）采收。一般 5 月中旬采收。

**（三）日光温室栽培**

1. 秋冬茬栽培

（1）栽培季节。8 月中旬育苗，9 月上旬定植，10 月中下旬上市。

（2）品种选择。品种主要有凯旋 7 号、冬玉、百利等。

（3）栽培技术。

①整地作畦施肥。前作收获后，温室应伏泡伏晒休闲。耕定植前高温闷棚消毒，然后每亩施入腐熟有机肥 4 000~5 000kg，过磷酸钙 40kg，磷酸二铵 30kg，硫酸钾 15kg，开沟施入畦底。基肥施入后翻地，耙碎土块，整平地面作高畦，畦高 15cm、宽 120cm、沟宽 30cm，或做成宽 60cm、高 20cm、沟宽 40cm的高垄栽培。

②定植。

定植时间。8 月中旬直播或 9 月中旬定植。

定植方法。育苗移栽的，定植时先铺地膜，在畦面上按50cm 株距打孔，每畦栽两行；高垄栽培的，每垄一行，栽完后浇水，并顺畦（垄）沟灌一水。直播的，按 50cm 株距打孔，浇水后将出芽的种子播入，胚根朝下，覆盖过筛湿细土，然后覆盖地膜。

定植密度。一般行距 80cm，株距 50cm，每亩栽苗 1 600株左右。

③田间管理。

追肥灌水。定植后到坐瓜前，一般不浇水，以控水蹲苗为主。90%以上植株坐瓜后，结合追肥开始灌水，每亩施尿素20kg。结瓜盛期，10 天左右浇水 1 次。11 月以后，气候变冷不宜浇明水，可采用滴灌或膜下暗灌，而且灌水要选晴天上午进行。每 15~20 天追肥 1 次。

温、湿度管理。秋冬茬茭瓜在播种时气温尚高，一般4~5天即可出苗，要注意防雨和适当遮阳。定植后（9 月中旬），露地气温开始下降，要及时在温室上覆盖薄膜，覆膜后的温、湿度管理是白天保持 20~25℃，夜晚 14℃，室内相对湿度控制在 60%~70%。同时，根据温度高低进行通风换气。

保花保果。雌花开放，应每天上午进行人工授粉或用激素处理雌花柱头。

④采收。10月中下旬采收。

2. 冬春茬栽培、春茬栽培

（1）栽培季节。冬春茬栽培10月中下旬播种育苗，11月中旬定植，12月下旬上市。春茬栽培12月中下旬至次年1月上旬定植，2月下旬至3月上旬上市。

（2）品种选择。品种主要有凯旋7号、冬玉、百利、阿多尼斯、9805等。

（3）栽培技术。

①整地作畦施肥。茭瓜不宜和瓜类连作，应轮作2~3年，前作收获后，清洁地块，进行土壤和温室消毒。整地前每亩施入腐熟有机肥5 000~7 000kg，磷酸二铵40kg，过磷酸钙50kg，硫酸钾15kg。基肥施入后，翻耕耙耱平整作畦，畦宽1.0~1.2m，在畦中间作一深15cm，宽20cm的灌水沟，进行膜下暗灌，畦高20~25cm、沟宽40cm。

②定植。

定植时间。冬春茬栽培的在11月中旬定植，春茬栽培的在1月上中旬定植，应选择晴天上午定植。

定植方法。定植时先铺好地膜，按行株距在畦面上打孔，每畦栽两行，将苗栽入后覆细土、灌水，栽完后顺畦沟灌水。

定植密度。一般行距80cm，株距50cm，每亩栽苗1 600株左右。

③田间管理。

追肥灌水。定植后至缓苗前进行蹲苗。90%以上植株坐瓜后，灌水追肥，每亩施尿素20kg或磷酸二铵15kg。结瓜盛期，15~20天追肥一次，用量与第一次相同。冬春气候寒冷，宜在晴天上午采用膜下暗灌或滴灌，水量不宜过大，在采瓜前2~3

天进行，之后视瓜秧长相、天气情况，每 7～10 天灌水 1 次。冬春季节气温低，通风少，室内 $CO_2$ 欠缺，结瓜期可进行 $CO_2$ 施肥，具体方法可参考黄瓜一节。

温、湿度及光照管理。定植后到缓苗前，要密闭保温，白天温度保持在 30～32℃，夜间 15～20℃。缓苗后，开始通风降温降湿，白天保持 20～25℃，夜晚 14℃，室内相对湿度控制在 70%～75%。结瓜期，白天室温保持在 25℃，夜晚 15℃，相对湿度 60%。缓苗后在后墙张挂反光膜，增加室内光照，一般在 11 月下旬至次年 3 月下旬增产效果最明显。

保花保果、吊蔓。茭瓜属雌雄异花作物，因无传粉媒介必须进行人工授粉，将当天早晨开放的雄花的花药摘下，插入雌花的柱头内，雄花少时，每朵雄花可授 2～3 朵雌花，或用丰产剂 2 号、防落素涂抹雌花柱头。同时，瓜秧长到 60～70cm 高时，开始吊蔓，方法同黄瓜。

④采收。冬春茬栽培的在 12 月下旬采收，春茬栽培的在 2 月下旬至 3 月上旬采收。

## 三、西瓜

西瓜起源于非洲热带草原，为葫芦科一年生攀缘性草本植物，在我国栽培历史悠久。

### （一）无籽西瓜栽培要点

#### 1. 人工破壳、高温催芽

无籽西瓜种壳坚厚，种胚发育不良，发芽困难，需浸种后人工破壳才能顺利发芽。破壳时一定要轻，种皮开口要小，长度不超过种子长度的 1/3，不要伤及种仁。无籽西瓜发芽要求的温度较高，以 32～35℃为宜。

2. 适期播种、培育壮苗

无籽西瓜幼苗期生长缓慢，长势较弱，应比普通西瓜提早3~5 天播种，苗期温度也要高于普通西瓜 3~4℃。要加强苗床的保温工作，如架设风障、多层覆盖等。此外，在苗床管理时，还应适当减少通风量，以防止床内温度下降太快。出苗后及时摘去夹住子叶的种壳。

3. 配置授粉品种

无籽西瓜植株花粉发育不良，必须间种普通西瓜品种作为授粉株，生产上一般 3 行或 4 行无籽西瓜间种 1 行普通西瓜。授粉品种宜选用种子较小、果实皮色不同于无籽西瓜的当地主栽优良品种，较无籽西瓜晚播 5~7 天，以保证花期相遇。

4. 适当稀植

无籽西瓜生长势强，茎叶繁茂，应适当稀植。一般每亩栽植 400~500 株。

5. 加强肥水管理

从伸蔓后至坐瓜期应适当控制肥水，浇水以小水暗浇为宜，以防造成徒长跑秧，难以坐果。瓜坐稳后加大肥水供应量，肥水齐攻，促进果实迅速膨大。

**（二）小果型西瓜栽培**

小果型西瓜一般以设施栽培为主，可利用日光温室或大棚进行早熟栽培和秋延后栽培。小果型西瓜对肥料反应敏感，施肥量为普通西瓜的 70% 左右为宜，忌氮肥过多，要求氮磷钾配合施用。定植密度因栽培方式和整枝方式而异。吊蔓或立架栽培通常采用双蔓整枝，每亩定植 1 500~1 600 株。爬地栽培一般采用多蔓整枝，三蔓整枝每亩定植 700~750 株，四蔓整枝 500~550 株。留瓜节位以第二或第三雌花为宜。每株留瓜数可视留蔓数而定。一般双蔓整枝留 1~2 个瓜，多蔓整枝可留 3~4 个瓜。部分品种可留二茬瓜，坐瓜节以下子蔓应尽早摘除。

## 四、甜瓜

甜瓜又名香瓜，主要起源于我国西南部和中亚地区，属葫芦科一年生蔓性植物。果实香甜，以鲜食为主，也可制作果脯、果汁及果酱等。

### （一）塑料大棚厚皮甜瓜春茬栽培技术

1. 品种选择

选择状元、蜜世界、伊丽莎白等。

2. 播种育苗

利用温室、大拱棚或温床育苗。播前进行浸种催芽。采用育苗钵或穴盘育苗。每钵播一粒带芽种子，覆土 1.5cm。出苗前白天温度保持在 28~30℃，夜间 17~22℃；苗期要求白天温度为 22~25℃，夜间15~17℃；定植前 7 天低温炼苗。苗龄30~35 天，具有 3~4 片真叶时为定植适期。

重茬大棚宜进行嫁接育苗，砧木有黑籽南瓜、杂交南瓜或野生甜瓜，插接法嫁接。

3. 整地作畦

整地前施足底肥，一般每亩施优质有机肥 3~5m$^3$，复合肥 50kg，钙镁磷肥 50kg，硫酸钾 20kg，硼肥 1kg。土地深翻耙细整平后作畦。采用高畦，畦面宽 1.0~1.2m，高 15~20cm，沟宽 40~50cm。

4. 定植

晴天定植。采用大小行栽植，小行距 70cm，大行距90cm，株距35~50cm。每亩定植株数为：小果型品种 2 000~

2 200 株，大果型品种 1 500~1 800 株。

5. 田间管理

（1）温度管理。定植初期要密闭保温，促进缓苗，白天棚内气温28~35℃，夜间 20℃以上；缓苗后，白天棚温 25~28℃，夜间 15~18℃，超过 30℃通风；坐瓜后，白天棚温28~32℃，夜间 15~20℃，保持昼夜温差 13℃以上。

（2）植株调整。甜瓜整枝方式主要有单蔓整枝、双蔓整枝及多蔓整枝等几种。

单蔓整枝适用于以主蔓或子蔓结瓜为主的甜瓜品种密集栽培，双蔓整枝适用于以孙蔓结瓜为主的中、小果型甜瓜品种密集早熟栽培，多蔓整枝主要用于以孙蔓结瓜为主的大、中果型甜瓜品种的早熟高产栽培。

厚皮甜瓜品种大多以子蔓结瓜为主，大棚春茬栽培一般采取吊蔓栽培、单蔓整枝、子蔓结瓜，少数采用双蔓整枝。单蔓整枝一般在 12~14 节位留瓜，选留瓜节前后的 2~3 个基部有雌花的健壮子蔓作为预备结果枝，其余摘除，坐瓜后瓜前留 2 片叶摘心，主蔓 25~30 片真叶时摘心。双蔓整枝在幼苗长至 4~5 片真叶时摘心，选留 2 条健壮子蔓，利用孙蔓结瓜，每子蔓的留果、打杈、摘心等方法与单蔓整枝相同。

（3）人工授粉与留瓜。在预留节位的雌花开放时，于8—10 时人工授粉。当幼瓜长至鸡蛋大时开始选留瓜。小果型品种每株留 2 个瓜，大果型品种每株留 1 个瓜。当幼瓜长到250g左右时，及时吊。小果型瓜可用网兜将瓜托住，也可用绳或粗布条系住果柄，拉住瓜，防止瓜坠拉伤瓜秧。大果型瓜需用草圈从下部托起，防止瓜坠地。当瓜定个后，定期转瓜 2~3 次，使瓜均匀见光着色。

（4）肥水管理。定植时浇足定植水，抽蔓时浇一次促蔓水，并随水追施尿素 15kg，磷酸二铵 10kg，硫酸钾 5kg。坐瓜前后严格控制浇水，防止瓜秧旺长，引起落花落果。坐瓜后植株需水需肥量增大，根据结瓜期长短适当追肥 1~2 次，每次每亩冲施硝酸钾 20kg、磷酸二氢钾 10kg，或充分腐熟的粪肥 800~1 000kg，并交替喷施叶面肥 0.2%磷酸二氢钾、甜瓜专用叶面肥、1%的过磷酸钙浸出液、葡萄糖等。

**（二）露地地膜覆盖薄皮甜瓜栽培**

1. 整地作畦

选择地势高、排水良好、土层深厚的沙壤土或壤土，结合整地每亩施入腐熟优质有机肥 4~5m³，过磷酸钙 50kg。南方地区采用高畦深沟栽培，华北、东北多做成平畦，西北干旱少雨地区采用沟畦。

2. 播种定植

直播或育苗移栽均可，一般在露地断霜后播种或定植。露地直播采用干籽或催芽后点播。育苗移栽多采用小拱棚营养钵育苗，苗龄30~35 天，3~5 片真叶时定植。种植密度因品种和整枝方式而异，一般每亩定植 1 000~1 500 株。宜采取大小行栽苗，大行距 2~2.5m，小行距 50cm，株距 30~60cm。

3. 田间管理

在底肥施足、土壤墒情较好的情况下，结瓜前控制肥水，加强中耕，以促进根系生长，防止落花落果。若土壤墒情不足且幼苗生长瘦弱，可结合浇水追施一次提苗肥，每亩追施磷酸二铵 10kg，结瓜后应保证肥水充足供应。瓜蔓伸长后，应及早引蔓、压蔓，使瓜蔓按要求的方向伸长。整枝方式各地差别较大，以主蔓或子蔓结瓜为主的小果型品种密集早熟栽培多采取单蔓整枝；以孙蔓结瓜为主的中、小型品种密集早熟栽培多采取双蔓整枝；中、晚熟品种高产栽培宜采取多蔓整枝。

小果型品种密集栽培每株留瓜 2~4 个，稀植时留瓜 5 个以上；大果型品种每株留瓜 4~6 个。

## 五、苦瓜

苦瓜别名：锦荔枝、癞葡萄、癞蛤蟆、凉瓜等。是秋冬淡季的理想蔬菜品种。

### （一）播种育苗

苦瓜一般在春、夏两季栽培。北方地区于 3 月底、4 月初在阳畦或温室育苗。苦瓜种皮较厚，播种前要浸种催芽，先用清水将种子洗干净，在 50℃ 左右的温水中浸 10min，并不断搅拌。然后再放在清水中浸泡 12h，最好每隔 4~5h 换一次水。用湿布包好，放在 28~33℃ 的地方催芽，每天用清水把种子清洗 1 次，以防种子表面发霉，2~3 天后，部分种子可开始发芽，便可拣出先行播种，尚未出芽的种子可继续催芽。温度低于 20℃ 发芽缓慢，13℃ 以下则发芽困难。苗期 30~40 天，立夏节前后即可定植。

### （二）整地施基肥

栽培苦瓜要选择地势高、排灌方便、土质肥沃的泥质土为宜，前茬作物最好是水稻田，忌与瓜类蔬菜连作。播前耕翻晒垡，整地作畦。每亩要施入基肥（腐熟的土杂肥）1 500~2 000kg，过磷酸钙 30~35kg。

### （三）适当密植

苦瓜苗长出 3~4 片真叶时，可选择晴天的下午定植。行距×株距为 65cm×30cm，一般密度 2 000~2 250 株/亩。定植不可过深，因为苦瓜幼苗较纤弱，栽深易造成根腐烂而引起死苗，定植后要浇定苗水，促使其缓苗快。

### （四）田间管理

（1）合理施肥。苦瓜耐肥不耐瘠，充足的肥料是丰产的基础。苦瓜蔓叶茂盛，生长期较长，结果多，所以对水肥的要求较高。除施足基肥外，注意对氮、钾肥应合理搭配，避免偏施氮肥。在苦瓜第一片真叶期开始追肥，施尿素 1~1.5kg/亩，以后每隔 7~10 天追肥 1 次。

（2）搭架引蔓。苦瓜主蔓长，侧蔓繁茂，需要搭架引蔓，架形可采用"人"字形。引蔓时注意斜向横引。苦瓜距离地面 50cm 以下的侧蔓结瓜甚少，应及时摘除，在半架处侧蔓如生长过密，也应适当摘除一些弱叉，使养分集中，以发挥主蔓结果优势。或主蔓长至 1m 时摘心，留两条强壮的侧蔓结果。整个生长期要适当剪除细弱的侧蔓及过密的衰老黄叶，使之通风透光，增强光合作用，防止植株早衰，延长采收期。

（3）水分的调节。春播的苦瓜幼苗期要控制水分，使其组织坚实，增强抗寒能力。5—6 月雨水多时，应及时排除积水，防止地坼过湿，引起烂根发病。夏季高温季节，晴天要注意灌水，地面最好覆盖稻草，降温保湿。

**（五）采收**

苦瓜采收适宜的标准是，瓜角瘤状物变粗、瘤沟变浅、尖端变为平滑、皮色由暗绿变为鲜绿，并有光泽的要及时采收上市。一般产量在 1 500~2 000kg/亩。

# 第二节　茄果类蔬菜栽培

## 一、番茄

### （一）春季大棚栽培技术

大棚春番茄的管理原则以促为主，促早发棵、早开花、早坐果、早上市，后期防早衰。

1. 温光调控

定植后闷棚（不揭膜）2~4 天。缓苗后根据天气情况及时通风换气，降低湿度，通风先开大棚再适度揭小棚膜。白天尽量使植株多照阳光，夜间遇低温要加盖覆盖物防霜冻，一般在 3 月下旬拆去小环棚。以后通风时间和通风量随温度的升高逐渐加大。

2. 植株整理

第一花序坐果后要搭架、绑蔓、整枝，整枝时根据整枝类型将其他侧枝及时摘去，使棚内通风透光，以利植株的生长发育。留 3~4 穗果时打顶，顶部最后一穗果上面留 2 片功能叶，以保证果实生长的需要。每穗果应保留 3~4 个果实，其余的及时摘去。结果后期摘除植株下部的老叶、病叶，以利通风透光。

3. 追肥

肥料管理掌握前轻后重的原则。定植后 10 天左右追 1 次提苗肥，每亩施尿素 5kg。第一花序坐果且果实直径 3cm 大时进行第二次追肥，第二、第三花序坐果后，进行第三、第四次追肥，每次每亩追尿素 7.5~10kg 或三元复合肥 5~15kg。采收期，采收 1 次追肥 1 次，每次每亩追尿素 5kg、氯化钾 1kg。

4. 水分管理

定植初期，外界气温低，地温也低，不利于根系生长，一般不需要补充水分。第一花序坐果后，结合追肥进行浇灌，此时，大棚内温度上升，番茄植株生长迅速，并进入结果期，需要大量的水分。每次追肥后要及时灌水，做到既要保证土壤内有足够的水分供应，促进果实的膨大，又要防止棚内湿度过高而诱发病害。

5. 生长调节剂使用

第一花序有 2~3 朵花开时，用激素喷花或点花，防止因低温引起的落花落果，促进果实膨大，抑制植株徒长是确保番茄早熟丰产的重要措施之一。常用激素主要为番茄灵，用于浸花，也可用于喷花，浓度掌握在 30~40mg/kg。使用番茄灵必须在植株发棵良好、营养充足的条件下进行，因此定植后不宜过早使用。番茄灵也可防止高温引起的落花落果，在生长后期也可使用，但使用后要增加后期的追肥，防止早衰。

**（二）秋季栽培技术**

1. 品种选择

上海地区一般选用金棚 1 号、合作 908、浙粉 202、21 世纪粉红等番茄品种。

2. 播种时期

播种期一般在 7 月中旬，延后栽培的可推迟到 8 月上旬前。

3. 育苗

秋番茄也要采取保护地育苗，以减少病毒病的为害。播种方法与春季大棚栽培相同，先撒播于苗床上，再移栽到塑料营养钵中，或者采用穴盘育苗，将番茄种子直接播于 50 穴或 72 穴穴盘中。穴盘营养土可按体积比按肥沃菜园土 6 份、腐熟干厩肥 3 份、砻糠灰 1 份或蛭石 50%、草炭 50% 配制。播种前浇透水，播后及时覆盖遮阳网，苗期正值高温多雨季节，幼苗易徒长，出苗后要控制浇水，应保持苗床见干见湿。遇高温干旱，应适量浇水抗旱保苗。秋季番茄苗龄不超过 25 天。

4. 整地作畦

秋番茄的前茬大多是瓜果类蔬菜，土壤中可能遗留下各种有害病菌，而且因高温蒸发土壤盐分上升，这对种好秋番茄极为不利。所以，前茬出地后，应立即进行深翻、晒白、灌水淋洗，然后每亩施商品有机肥500~1 000kg和45%硫酸钾BB肥30kg，深翻整地，再做成宽1.4~1.5m（连沟）的深沟高畦。

5. 定植

8月中旬至9月初选阴天或晴天傍晚进行，每畦种2行，株距30cm，边栽植边浇水，以利活棵。

6. 田间管理

定植后要及时浇水、松土、培土。活棵后施提苗肥，每亩施尿素10kg左右。第一穗果坐果后，每亩施三元复合肥15~20kg，追肥穴施或随水冲施。以后视植株生长情况再追肥1~2次，每次每亩施三元复合肥10~15kg。

开花后用（25~30）×$10^{-6}$mg/kg浓度的番茄灵防止高温落花、落果。坐果后注意水分的供给。

秋番茄不论早晚播种都以早封顶为好，留果3~4层，这样可减少无效果实的产生，提高单果重量。秋番茄后期的防寒保暖工作很重要，一般在10月底就要着手进行。种在大棚内的，夜间要放下薄膜；种在露地的，要搭成简易的小环棚。早霜来临前，盖上塑料薄膜，一直沿用到11月底。作延后栽培的，进入12月后，要开始加强保暖措施。可在大棚内套中棚，并将番茄架拆除放在地上，再搭小环棚，上面覆盖薄膜和无纺布等防寒材料。如果措施得当，可延迟采收到2月中旬。其他田间管理与春季大棚栽培相同。

7. 采收

10月中下旬可开始采收。采用大棚延后栽培的，可采收到翌年的2月。露地栽培的秋番茄每亩产量为1 000~2 000kg，大棚栽培的秋番茄每亩产量为2 000~2 500kg。

## 二、茄子

茄子原产于东南亚印度。在我国栽培历史悠久，分布很广，为夏、秋季的主要蔬菜。其品种资源极为丰富。据中国农业科学院蔬菜花卉研究所组织全国各省市科技工作者调查统计，共搜集了 972 份有关茄子的材料，这为杂交制种提供了雄厚资源条件。20 世纪 70 年代以前，茄子的单产不高，而后一些科研单位配制选育了一批杂交组合，如南京的苏长茄、上海的紫条茄、湖南的湘早茄等。一些种子公司也开始生产和经营杂交茄子种，从而大大提高了茄子的单位面积产量。

茄子的营养成分比较丰富。据分析，每 100g 可食部分含蛋白质 2.3g，脂肪 0.1g，碳水化合物 3g，钙 22mg，磷 31g，铁 0.3mg 等。

1. 整地作畦施基肥

茄子根系较发达，吸肥能力强，如要获得高产，宜选择肥沃且保肥力强的黏壤土栽培，不能与辣椒、番茄、马铃薯等茄科作物连作，要与茄科蔬菜轮作 3 年以上。在茄子定植前 15~20 天，翻耕 27~30cm 深，作成 1.3~1.7m 宽的畦。武汉地区也有作 3.3~4m 宽的高畦，在畦上开横行栽植。

茄子是高产耐肥作物，多施肥料对增产有显著效果。苗期多施磷肥，可以提早结果。结果期间，需氮肥较多，充足的钾肥可以增加产量。一般每亩施猪粪或人粪尿 2 000~2 500kg，垃圾 3 500~4 000kg，过磷酸钙15~25kg，草木灰 50~100kg，在整地时与土壤混合，但也可以进行穴施。

2. 播种育苗

播种育苗的时间，要看各地气候、栽培目的与育苗设备来定。南昌地区一般在 11 月上中旬利用温床播种，用温床或冷床移植。如用工厂化育苗可在 2 月上中旬播种。播种前宜先浸种，播干种则发芽慢，且出苗不整齐。

茄子种子发芽的温度，一般要求在 25～30℃。经催芽的种子播下后 3～4 天就可出土。茄子苗生长比番茄、辣椒都慢，所以需要较高的温度。育茄子苗的温床，宜多垫些酿热物，晴天日温应保持 25～30℃，夜温不低于 10℃。

苗床增施磷肥，可以促进幼苗生长及根系发育。幼苗生长初期，需间苗 1～2 次，保持苗距 1～3cm，当苗长有 3～4 片真叶时移苗假植，此后施稀薄腐熟人粪尿 2～3 次，以培育壮苗。

3. 定植

茄子要求的温度比番茄、辣椒要高些，所以定植稍迟。南昌地区一般要到 4 月上中旬进行。为了使秧苗根系不受损伤。起苗前 3～4h 应将苗床浇透水，使根能多带土。定植要选在没有风的晴天下午进行。定植深度以表土与子叶节平齐为宜，栽后浇上定根水。

栽植的密度与产量有很大关系。早熟品种宜密些，中熟品种次之，晚熟品种的行株距可以适当放大。其次与施肥水平的关系也很大，即肥料多可以栽稀些；肥料少要密一点，这样能充分利用光能，提高产量。一般在 80～100cm 宽的小畦上栽两行。早熟品种的行株距为 50cm×40cm，中晚熟品种为（70～80）cm×（43～50）cm。

4. 田间管理

（1）追肥。茄子是一种高产的喜肥作物，它以嫩果供食用，结果时间长，采收次数多，故需要较多的氮肥、钾肥。如果磷肥施用过多，会促使种子发育，以致籽多，果易老化，品质降低，所以生长期的合理追肥是保证茄子丰产的重要措施之一。定植成活后，每隔 4～5 天结合浇水施 1 次稀薄腐熟人粪尿，催起苗架。当根茄结牢后，要重施 1 次人粪尿，每亩 1 000~1 500kg。这次肥料对植株生长和以后产量关系很大，以后每采收 1 次，或隔 10 天左右追施人粪尿或尿素 1 次。施肥时不要把肥料浇在叶片或果实上，否则会引起病害发生并影响光合作用的进行。

（2）排水与浇水。茄子既要水又怕涝，在雨季要注意清沟排水，发现田间积水，应立即排出，以防涝害及病害发生。

茄子叶面积大，蒸发水分多，不耐旱，所以需要较多的水分。如土壤中水分不足，则植株生长缓慢，落花多，结果少，已结的果亦果皮粗糙，品质差，宜保持 80% 的土壤湿度，干时灌溉能显著增产。灌溉方法有浇灌、沟灌两种。地势不平的以浇灌为主，土地平坦的可行沟灌。沟灌的水量以低于畦面 10cm 为宜，切忌漫灌，灌水时间以清晨或傍晚为好，灌后及时把水排出。

在山区水源不足、浇灌有困难的地方，为了保持土壤中有适当的水分，还可采取用稻草、树叶覆盖畦面的方法，以减少土表水分蒸发。

（3）中耕除草和培土。茄子的中耕除草和追肥是同时进行的。中耕除草后，让土壤晒白后要及时追上稀薄人粪尿。中耕还能提高土温，促进幼苗生长，减少养分消耗。中耕中期可以深些，5~7cm，后期宜浅些，约 3cm。当植株长到 30cm 高时，中耕可结合培土，把沟中的土培到植株根际。对于植株高大的品种，要设立支柱，以防大风吹歪或折断。

（4）整枝，摘老叶。茄子的枝条生长及开花结果习性相当有规则，所以整枝工作不多。一般将靠近根部的过于繁密的 3~4 个侧枝除去。这样可免枝叶过多，增强通风，使果实发育良好，不利于病虫繁殖生长。但在生长强健的植株上，可以在主干第 1 花序下的叶腋留 1~2 条分枝，以增加同化面积及结果数目。

茄子的摘叶比较普遍，南昌、南京、上海、杭州、武汉等地的菜农认为摘叶有防止落花、果实腐烂和促进结果的作用。尤其在密植的情况下，为了早熟丰产，摘除一部分老叶，使通风透光良好，并便于喷药治虫。

（5）防止落花。茄子落花的原因很多，主要是光照微弱、土壤干燥、营养不足、温度过低及花器构造上有缺陷。

防止落花的方法：据南昌市蔬菜所试验，在茄子开花时，喷射 50mg/kg（即 1ml 溶液加水 200g）的水溶性防落素效果很好。又据浙江大学农学院蔬菜教研室在杭州用藤茄做的试验说明，防止 4 月下旬的早期落花，可以用生长刺激剂处理，其方法是用 30mg/kg 的 2,4-D 点花。经处理后，防止了落花，并提早 9 天采收，增加了早期产量。

## 三、辣椒

辣椒，又叫番椒、海椒、辣子、辣角、秦椒等，是辣椒属茄科一年生草本植物。果实通常成圆锥形或长圆形，未成熟时呈绿色，成熟时变成鲜红色、黄色或紫色，以红色最为常见。辣椒的果实因果皮含有辣椒素而有辣味，能增进食欲。辣椒中维生素 C 的含量在蔬菜中居第一位。

辣椒原产于中南美洲热带地区，是喜温的蔬菜。15 世纪末，哥伦布发现美洲之后把辣椒带回欧洲，并由此传播到世界其他地方。于明代传入中国。清陈淏子之《花镜》有番椒的记载。今中国各地普遍栽培，成为一种大众化蔬菜，其产量高，生长期长，从夏到初霜来临之前都可采收，是我国北方地区夏、秋淡季的主要蔬菜之一。

### （一）露地栽培

早春育苗，露地定植为主。

1. 种子处理

要培育长龄壮苗，必须选用粒大饱满、无病虫害，发芽率高的种子。育苗一般在春分至清明。将种子在阳光下暴晒 2 天，促进后熟，提高发芽率，杀死种子表面携带的病菌。用 300~400 倍液的高锰酸钾浸泡 20~30min，以杀死种子上携带的病菌。反复冲洗种子上的药液后，再用 25~30℃ 的温水浸泡 8~12h。

2. 育苗播种

苗床做好后要灌足底水。然后撒薄薄一层细土，将种子均匀撒到苗床上，再盖一层 0.5~1cm 厚的细土覆盖，最后覆盖小棚保湿增温。

3. 苗床管理

播种后 6~7 天就可以出苗。70% 小苗拱土后，要趁叶面没有水时向苗床撒 0.5cm 厚的细土，以弥缝保墒，防止苗根倒露。苗床要有充分的水供应，但又不能使土壤过湿。辣椒高度到 5cm 时就要给苗床通风炼苗，通风口要根据幼苗长势以及天气温度灵活掌握，在定植前 10 天可露天炼苗。幼苗长出 3~4 片真叶时进行移植。

4. 定植

在整地之后进行。种植地块要选择在近几年没有种植茄果蔬菜和黄瓜、黄烟的春白地。刚刚收过越冬菠菜的地块也不好。定植前 7 天左右，每亩地施用土杂肥 5 000kg，过磷酸钙 75kg，碳酸氢铵 30kg 作基肥。定植的方法有两种：畦栽和垄栽。主要是垄作双行密植。即垄距 85~90cm，垄高 15~17cm，垄沟宽 33~35cm。施入沟肥，撒均匀即可定植。株距 25~26cm，呈双行，小行距 26~30cm。错埯栽植，形成大垄双行密植的格局。

5. 田间管理

苗期应蹲苗，进入结果期至盛果期，开始肥水齐攻。盛果期后旱浇涝排，保持适宜的土壤湿度。在定植 15 天后追磷肥 10kg，尿素 5kg，并结合中耕培土高 10~13cm，以保护根系防止倒伏。进入盛果期后管理的重点是壮秧促果。要及时摘除门椒，防止果实坠落引起长势下衰。结合浇水施肥，每亩追施磷肥 20kg，尿素 5kg，并再次对根部培土。注意排水防涝。要结合喷施叶面肥和激素，以补充养分和预防病毒。

6. 及时采收

果实充分长大、皮色转浓绿、果皮变硬而有光泽时是商品性成熟的标志。

(二) 辣椒的春季保护地栽培

1. 育苗

选用早熟、丰产、株形紧凑、适于密植的品种是辣椒大棚栽培早熟的关键。可选用农乐、中椒 2 号、甜杂 2 号、津椒 3 号、早丰 1 号、早杂 2 号等。播种期一般在 1 月上旬至 2 月上旬。

2. 定植

在 4—5 月，可畦栽也可垄栽，双行定植。选择晴天上午定植。由于棚内高温高湿，辣椒大棚栽培密度不能太大，过密会引起徒长，光长秧不结果或落花，也易发生病害，造成减产。为便于通风，最好采用宽窄行相间栽培，即宽行距 66cm，窄行距 33cm，株距 30~33cm，每亩 4 000 穴左右，每穴双株。

3. 定植后的管理

定植时浇水不要太多，棚内白天温度 25~28℃，夜间以保温为主。过 4~5 天后，浇 1 次缓苗水，连续中耕 2 次，即可蹲苗。开花坐果前土壤不干不浇水，待第一层果实开始收获时，要供给大量的肥水，辣椒喜肥、耐肥，所以追肥很重要。多追有机肥，增施磷钾肥，有利于丰产并能提高果实品质。盛果期再追肥灌水 2~3 次。在撤除棚膜前应灌 1 次大水。此外还要及时培土，防倒伏。

4. 保花保果及植株调整

为提高大棚辣椒坐果率，可用生长素处理，保花保果效果较好。2,4-D 质量分数为 15~20mg/kg。10 时以前抹花效果比较好。扣棚期间共处理 4~5 次。辣椒栽培不用搭架，也不需整枝打杈，但为防止倒伏对过于细弱的侧枝以及植株下部的老叶，可以疏剪，以节省养分，有利于通风透光。

# 第三节 白菜类蔬菜栽培

## 一、大白菜

大白菜即结球白菜，又叫黄芽白。叶球柔嫩多汁，是全国产销量最大的蔬菜之一。据有关资料介绍，我国共有大白菜品种 1 247 个，为世界上拥有大白菜品种的大国。在长江以北地区，大白菜的种植面积占秋播蔬菜面积的 30%~50%，供应期长达 5~6 个月。近年来南方各地也普遍栽培大白菜，而且除传统的秋播之外，城市蔬菜基地还在逐年发展反季节的春播、夏播大白菜，使原来基本没有大白菜供应的 5—9 月，也有时鲜的大白菜应市，并取得了较高的经济效益和社会效益。

大白菜营养丰富，据分析，每 100g 可食部分含碳水化合物 3g、蛋白质 1.4g、脂肪 0.1g、无机盐 0.7g、钙 33mg、磷 42mg、铁 0.4mg、维生素 C 24mg、维生素 A 0.1mg。大白菜的品质柔嫩，可煮食、炒食、生食，还可腌制酸菜。

**（一）栽培方式与季节**

传统栽培方式是露地栽培，秋播冬收。一般采用不同熟性的品种，7月下旬至9月中旬播种，9月下旬至翌年1月采收。反季节生产，可安排春、夏、秋或秋延后播种。

1. 春大白菜

（1）露地栽培。这种方式是露地直播。长江流域多在3月下旬播种，过早易发生先期抽薹，5月下旬至6月中旬收获。另一种方式是保护地育苗，露地定植，2月下旬至3月上旬在大棚或小棚内育苗，最好采用穴盘育苗。注意多重覆盖保温，3月下旬至4月初定植，5月中旬前后始收。

（2）保护地栽培。利用地膜和小拱棚覆盖，提前在3月上旬直播，由于保护设施白天的增温有"脱春化"作用，因而可防止抽薹，5月中旬前可开始采收。4月可分期分批播种，排开上市，和夏天的菜衔接。

2. 夏大白菜

（1）露地直播。江南地区5—7月均可播种，播后50~60天采收。

（2）遮阳防雨棚栽培。利用夏季空闲大棚顶部覆盖薄膜，再加盖遮阳网，以防雨、遮阳、降温。在最炎热的6—7月播种大白菜，仍能正常生长和结球，生产效果比露地好。

（3）山地栽培。利用山地夏季气候较凉爽的有利条件，安排在平原露地较难栽培大白菜的炎热夏季6—7月直播，8—9月采收，可达到平原地遮阳网覆盖栽培的效果。

3. 秋或秋延后大白菜

秋播的大白菜多半为直播，秋延后的有直播也有育苗移栽的，前期露地生长，在南昌到了11月中旬后中小棚覆盖防寒，春节前后采收，效益较好。即10月上旬直播，或9月下旬育苗，10 月中旬移栽，翌年 1 月下旬至 2 月中旬收获。

### （二）选地和整地

大白菜连作容易发病，所以要进行轮作，特别提倡粮菜轮作，水旱轮作。在常年菜地上栽培则应避免与十字花科蔬菜连作，可选择前茬是早豆角、早辣椒、早黄瓜、早番茄的地栽培。种大白菜的地要深耕 20～27cm，坑地 10～15 天，然后把土块敲碎整平，做成 1.3～1.7m 宽的畦，或 0.8m 的窄畦、高畦。作畦时要深开畦沟、腰沟、围沟 27cm 以上，做到沟沟相通。

### （三）重施基肥，以有基肥为主

前作收获后，深翻土壤。整地时，每亩撒施石灰 100～150kg。在发生根种病的地块，还得在播种沟内施上适量石灰。要求重施基肥，并将氮、磷、钾搭配好。在 7 月上旬，按每亩施 2 000kg 猪粪、2 000～2 500kg 垃圾、75kg 左右菜枯、40～50kg 钙镁磷混合拌匀，加 1 500～2 000kg 人粪尿，并用适量的水浇湿，堆积发酵，外面再盖上一层塑料薄膜，让它充分腐熟，作畦时开沟施入。与此同时，每亩还要施上 10～15kg 复合肥。

### （四）播种

大白菜一般采用直播，也可育苗移栽。直播以条播为主，点播为辅。在前茬地一时还空不出来时，为了不影响栽培季节，也可采用育苗移栽。不管采用哪种方式，土壤一定要整细整平，直播每亩用种量 200g 左右。育苗移栽者，每亩栽大田，需苗床 15～20m$^2$，多用撒播的方法，用种量 75～100g，直播。播后每亩用 2 000～2 500kg 腐熟人粪尿，并结合进行地面盖子。此后，每天早晚各浇水 1 次，保持土壤湿润，3～4 天即可出苗。大白菜的行株距要根据品种的不同来确定，一般早熟品种为（33~50）cm×33cm，每亩留苗 3 500 株以上；中熟品种为（53~60）cm×（46~53）cm，每亩留苗 2 100~2 300 株；晚熟品种为 67cm×50cm，每亩留苗 2 000 株以下。育苗移栽的，最好选择阴天或晴天傍晚进行。为了提高成活率，最好采用小苗带土移栽，栽后浇上定根水。

**（五）田间管理**

（1）间苗。2~3 片真叶时，进行第 1 次间苗；5~6 片叶时，间第 2 次苗；7~8 片叶就可定苗。按不同品种和施肥水平选定不同的行株距，每穴留 1 株壮苗，间苗时可结合除草。

（2）追肥。大白菜定植成活后，就可开始追肥。每隔 3~4 天追 1 次 15% 的腐熟人粪尿，每亩用量 200~250kg。看天气和土壤干湿情况，将人粪尿对水施用。大白菜进入莲座期应增加追肥浓度，通常每隔 5~7 天，追 1 次 30% 的腐熟人粪尿，每亩用量 750~1 000kg，以及菜枯或麻枯 75~100kg。开始包心后，重施追肥并增施钾肥是增产的必要措施，每亩可施 50% 的腐熟人粪尿 1 500~2 000kg，并开沟追施草木灰 100kg，或硫酸钾 10~15kg，这次施肥菜农将其叫做灌心肥。植株封行后，一般不再追肥，如果基肥不足，可在行间酌情施尿素。

（3）中耕培土。为了便于追肥，前期要松土，除草 2~3 次。特别是久雨转晴之后，应及时中耕炕地，促进根系的生长。莲座中期结合沟施饼肥培土作垄，垄高 10~13cm。培垄的目的主要是便于施肥浇水，减轻病害。培垄后粪肥往垄沟里灌，不能沾污叶片。同时，水往沟里灌，不浸湿蔸部。保持沟内空气流通，使株间空气湿度减少，这样可以减少软腐病的发生。

（4）灌溉。大白菜苗期应轻浇勤泼保湿润，莲座期间断性浇灌，见干见湿，适当炼苗；结球时对水分要求较高，土壤干燥时可采用沟灌。灌水时应在傍晚或夜间地温降低后进行，要缓慢灌入，切忌满畦。水渗入土壤后，应及时排出余水。做到沟内不积水，畦面不见水，根系不缺水。一般来说，从莲座期结束后至结球中期，保持土壤湿润是争取大白菜丰产的关键之一。

（5）束叶和覆盖。大白菜的包心结球是它生长发育的必然规律，不需要束叶。但晚熟品种如遇严寒，为了促进结球良好，延迟采收供应，小雪后把外叶扶起来，用稻草绑好，并在上面盖上一层稻草或农用薄膜，能保护心叶免受冻害，还具有软化作用。早熟品种不需要束叶和覆盖。

## 二、结球甘蓝

### 栽培技术

甘蓝怕涝，要求排水良好，宜采用窄高畦栽培，一般畦宽1.2m，沟宽0.3m，畦高0.25m。甘蓝三要素的吸收量以钾最多，氮次之，磷最少。每公顷施腐熟有机肥 22 500~30 000kg作基肥，并在作畦时施入。春甘蓝定植时宜在畦面每公顷铺施有机肥 30 000~37 500kg，既能发挥肥效，又能保护根系，防寒保苗。

#### 1. 播种育苗

甘蓝前期生长缓慢，根系再生能力强，适宜育苗移栽。春甘蓝和夏甘蓝在秋冬季和春季播种，气候温和，适宜生长，育苗比较容易。而秋甘蓝和冬甘蓝的播种期正值盛暑，且多台风暴雨，育苗需注意以下三点：一是选通风凉爽、接近水源、排水良好、前作非十字花科蔬菜、疏松肥沃、病虫源少的地块作苗床；二是应用遮阳网等覆盖材料搭设凉棚，起遮阴避雨作用，但要注意勤揭勤盖，阴天不盖，前期盖，后期不盖；三是假植，利用假植技术既能节约苗床面积，又便于管理，并能促进侧根发生，选优去劣，使秋苗齐壮。一般在幼苗具 2~3 片真叶时假植，苗间距6~10cm。

2. 定植

当甘蓝具有 6~7 片真叶时应及时定植，适宜苗龄为 40 天左右，气温高则苗龄短，气温低苗龄长。定植时要尽可能带土。定植密度视品种、栽培季节和施肥水平而定，一般早熟品种每公顷种 60 000 株，中熟品种 45 000 株，晚熟品种 30 000 株。

3. 肥水管理

甘蓝的叶球是营养储藏器官，也是产品器官，要获得硕大的叶球，首先要有强盛的外叶，因此必须及时供给肥水促进外叶生长和叶球的形成。定植后及时浇水，随水施少量速效氮，可加速缓苗。为使莲座叶壮而不旺，促进球叶分化和形成，要进行中耕松土，提高土温，促使蹲苗。从开始结球到收获是甘蓝养分吸收强度最大的时期，此时保证充足的肥水供应是长好叶球的物质基础。追肥数量根据不同品种、计划产量和基肥而定。早熟品种结球期短，前期增重快，因此在蹲苗结束、结球初期要及时分两次追肥，每次每公顷施 150kg 尿素。注意从结球开始要增施钾肥。甘蓝喜水又怕涝，缓苗期应保持土壤湿润，叶球形成期需要大量水分，应及时供给，雨后和沟灌后及时排出沟内积水，防止浸泡时间过长，发生沤根死棵损失。

4. 采收

一般在叶球达到紧实时即可采收。早秋和春季蔬菜淡季时，叶球适当紧实也可采收上市。叶球成熟后如天气暖和、雨水充足则仍能继续生长，如不及时采收，叶球会发生破裂，影响产量和品质。采用铲断根系的方法可以比较有效地防止裂球，延长采收供应期。

### 三、花椰菜

花椰菜又名菜花、西兰花，是甘蓝种中以花球为产品的一个变种，原产地中海沿岸。

#### （一）秋花椰菜栽培技术

1. 品种选择

可选择白峰、雪山、荷兰雪球等品种。

2. 育苗

花椰菜种子价格较高，一般用种量较小，育苗中要求管理精细。在夏季和秋初育苗时，天气炎热，有时有阵雨，苗床应设置荫棚或用遮阳网遮阴。苗床土要求肥沃，床面力求平整。适当稀播。一般每 $10m^2$ 播种量 50g，可得秧苗 1 万株以上。当幼苗出土浇水后，覆细潮土 1~2 次。播种后 20 天左右，幼苗 3~4 片真叶时，按大小进行分级分苗，苗间距为 8cm×10cm。定植前在苗畦上划土块取苗，带土移栽。

有条件的地区也可采用穴盘育苗，采用 108 孔穴盘，点播方式育苗。幼苗长到 3~4 片真叶时进行分苗。以后管理同苗床育苗。

3. 施肥

作畦一般采用低畦或垄畦栽培。多雨及地下水位高的地区，应采用深沟高畦栽培。

一般每亩施厩肥 $3~5m^3$、过磷酸钙 15~20kg、草木灰 50kg。施肥后深翻地，使肥土混合均匀。

4. 定植

一般早熟品种在幼苗 5~6 片真叶、苗龄 30 天左右时定植；中、晚熟品种在幼苗 7~8 片真叶、苗龄 40~50 天时定植。

定植密度：小型品种 40cm×40cm，大型品种 60cm×60cm，中熟品种介于两者之间。

5. 田间管理

（1）肥水管理。在叶簇生长期选用速效性肥料分期施用，花球开始形成时加大施肥量，并增施磷、钾肥。追肥结合浇水进行，结球期要肥水并重，花球膨大期 2~3 天浇一水。缺硼时可叶面喷 0.2% 硼酸液。

（2）中耕除草、培土。生长前期进行 2~3 次中耕，结合中耕对植株的根部适量培土，防止倒伏。

（3）保护花球。花椰菜的花球在日光直射下，易变淡黄色，并可能在花球中长出小叶，降低品质。因此，在花球形成初期，应把接近花球的大叶主脉折断，覆盖花球，覆盖叶萎蔫发黄后，要及时换叶覆盖。

有霜冻地区，应进行束叶保护。注意束扎不能过紧，以免影响花球生长。

6. 收获

适宜采收标准：花球充分长大，表面圆正，边缘尚未散开。如采收过早，影响产量；采收过迟，花球表面凹凸不平，颜色变黄，品质变劣。

为了便于运输，采收时，每个花球最好带有 3~4 片叶子。

**（二）木立花椰菜栽培技术**

1. 品种选择

露地栽培宜选用早熟耐热品种；设施栽培宜选择耐寒性强的中晚熟品种。

2. 整地、施肥

一般每亩施优质有机肥 5m³、过磷酸钙 30~40kg、草木灰

50kg。铺施基肥后深耕细耙，做成 1.3~1.5m 宽的低畦。

3. 定植

在幼苗长到 5~6 片真叶时定植。一般每畦栽 2 行，株距 30~40cm，定植密度每亩 2 500 株左右。早熟品种可适当密植，每亩 3 000 株左右。

4. 肥水管理

绿菜花需水量大，在花球形成期要及时浇水，保持土壤湿润。多雨地区或季节要及时排水，防止积水沤根。

5. 采收

在植株顶端的花球充分膨大、花蕾尚未开放时采收为宜。采收过晚易造成散球和开花。采收时，将花球下部带花茎 10cm 左右一起割下。

顶花球采收后，植株的腋芽萌发，并迅速长出侧枝，于侧枝顶端又形成花球，即侧花球。当侧花球长到一定大小、花蕾尚未开放时，可再进行采收。一般可连续采收2~3次。

# 第四节 绿叶菜类蔬菜

## 一、芹菜

芹菜，别名旱芹、药芹，伞形科二年生蔬菜，原产于地中海沿岸的沼泽地带。芹菜在我国南北方都有广泛栽培，在叶菜类中占重要地位。芹菜含有丰富的矿物盐类、维生素和挥发性的特殊物质，叶和根可提炼香料。

### （一）茬口安排

芹菜最适宜于春、秋两季栽培，而以秋栽为主。因幼苗对不良环境有一定的适应能力，故播种期不严格，只要能避过先期抽薹，并将生长盛期安排在冷凉季节就能获得优质丰产。江南从 2 月下旬至 10 月上旬均可播种，周年供应；北方采用保护地与露地多茬口配合，亦能周年供应。

**（二）日光温室秋冬茬芹菜栽培技术**

1. 育苗

（1）播种。宜选用实心品种。定植亩需 200g 种子、50m² 左右的育苗床。苗床宜选择地势高燥、排灌便利的地块，做成 1.0~1.5m 宽的低畦。种子用 5mg/L 的赤霉素或 1 000 mg/L 的硫脲浸种 12h 后掺沙撒播。播前把苗床浇透底水，播后覆土厚度不超过 0.5cm，搭花阴或搭遮阴棚降温，亦可与小白菜混播。播后苗前用 25%除草醚可湿性粉剂 11.25~15kg/hm² 对水 900~1 500kg 喷洒。

（2）苗期管理。出苗前保持畦面湿润，幼苗顶土时浅浇一次水，齐苗后每隔 2~3 天浇一小水，宜早晚浇。小苗长有 1~2 片叶时覆一次细土并逐渐撤除遮阴物。幼苗长有 2~3 片叶时间苗，苗距 2cm 左右，然后浇一次水。幼苗长有 3~4 片叶时结合浇水追施少量尿素（75kg/hm²），苗高 10cm 时再随水追一次氮肥。苗期要及时除草。当幼苗长有 4~5 片叶、株高 13~15cm 时定植。

2. 定植

土壤翻耕、耙平后先做成 1m 宽的低畦，再按畦施入充分腐熟的粪肥 45 000~ 75 000 kg/hm²，并掺入过磷酸钙 450kg/hm²，深翻 20cm，粪土掺匀后耙平畦面。定植前一天将苗床浇透水，并将大小苗分区定植，随起苗随栽随浇水，深度以不埋没菜心为度。定植密度：洋芹 24~28cm，本芹 10cm。

3. 定植后管理

（1）肥水管理。缓苗期间宜保持地面湿润，缓苗后中耕蹲苗促发新根，7～10 天后浇水追肥（粪稀 15 000 kg/hm²），此后保持地面经常湿润。20 天后随水追第二次肥（尿素 450 kg/hm²），并随着外界气温的降低适当延长浇水间隔时间，保持地面见干见湿，防止湿度过大感病。

（2）温、湿度调控。芹菜敞棚定植，当外界最低气温降至 10℃以下时应及时上好棚膜。扣棚初期宜保持昼夜大通风；降早霜时夜间要放下底角膜；当温室内最低温度降至 10℃时，夜间关闭放风口。白天当温室内温度升至 25℃时开始放风，午后室温降至 15～18℃时关闭风口。当温室内最低温度降至 7～8℃时，夜间覆盖草苫防寒保温。

4. 采收

一般进行掰收。当叶柄高度达到 67 cm 以上时陆续掰叶。掰叶前一天浇水，收后 3～4 天内不浇水，见心叶开始生长时再浇水追肥。春节前后可一次将整株收完，为早春果菜类腾地。

**（三）露地秋茬芹菜栽培技术**

露地秋茬芹菜育苗技术和定植方法、密度与日光温室秋冬茬芹菜的相似。前茬宜选择春黄瓜、豆角或茄果类，选择排灌便利的地块栽培芹菜。播种前对种子进行低温处理，可促进种子发芽。

露地秋茬芹菜定植后缓苗期间宜小水勤浇，保持地表湿润，促发根缓苗。缓苗后结合浇水追一次肥（尿素 150～225 kg/hm²），然后连续进行浅中耕，促叶柄增粗，蹲苗 10 天左右。此后一直到秋分前每隔 2～3 天浇一次水，若天气炎热则每天小水勤浇。秋分后株高 25 cm 左右时，结合浇水追第二次肥（尿素 300～375 kg/hm²）。株高 30～40 cm 时，随水追第三次肥并加大浇水量，地面勿见干。霜降后，气温明显降低，应适当减少浇水，否则影响叶柄增粗。准备储藏的芹菜应在收获前一周停止浇水。

培土软化芹菜，一般在苗高约 30cm 时进行，注意不要使植株受伤，不让土粒落入心叶之间，以免引起腐烂。培土一般在秋凉后进行，早栽的培土 1~2 次，晚栽的 3~4 次，每次培土高度以不埋没心叶为度。

准备冬储后上市的芹菜应在不受冻的前提下尽量延迟收获。芹菜株高 60~80cm，即可陆续采收。

## 二、菠菜

菠菜又称波斯草、赤根菜、红根菜，是藜科菠菜属绿叶蔬菜。以绿叶为主要产品器官。原产伊朗，目前世界各国普遍栽培。在我国分布很广，是南北各地普遍栽培的秋、冬、春季的主要蔬菜之一。

### （一）茬口安排

菠菜在日照较短和冷凉的环境条件有利于叶簇的生长，而不利于抽薹开花。菠菜栽培的主要茬口类型有：早春播种，春末收获，称春菠菜；夏播秋收，称秋菠菜；秋播翌春收获，称越冬菠菜；春末播种，遮阳网、防雨棚栽培，夏季收获，称夏菠菜。大多数地区菠菜的栽培以秋播为主。

### （二）土壤的准备

播种前整地深 25~30cm，施基肥，作畦宽 1.3~2.6m，也有播种后即施用充分腐熟粪肥，可保持土壤湿润和促进种子发芽。

### （三）种子处理和播种

菠菜种子是胞果，其果皮的内层是木栓化的厚壁组织，通气和透水困难。所以在早秋或夏播前，常先进行种子处理。将种子用凉水浸泡约 12h，放在 4℃条件下处理 24h，然后在 20~25℃条件下催芽，或将浸种后的种子放入冰箱冷藏室中，或吊在水井的水面上催芽，出芽后播种。菠菜多采用直播法，以撒播为主，也有条播和穴播的。在 9—10 月播种，气温逐渐降低，可不进行浸种催芽，每公顷播种量为 50~75kg。在高温条件下栽培或进行多次采收的，可适当增加播种量。

**（四）施肥**

菠菜发芽期和初期生长缓慢，应及时除草。秋菠菜前期气温高，追肥可结合灌溉进行，可用 20% 左右腐熟粪肥追肥；后期气温下降浓度可增加至 40% 左右。越冬的菠菜应在春暖前施足肥料，在冬季日照减弱时应控制无机肥的用量，以免叶片积累过多的硝酸盐。分次采收的，应在采收后追肥。

**（五）采收**

秋播菠菜播种后 30 天左右，株高 20~25cm 可以采收。以后每隔 20 天左右采收 1 次，共采收 2~3 次，春播菠菜常 1 次采收完毕。

## 三、莴苣

莴苣包括茎用莴苣和叶用莴苣。茎用莴苣是以其肥大的肉质嫩茎为食用部位，嫩茎细长有节似笋，因此俗称莴笋或莴苣笋。莴笋去皮后，笋肉水多质嫩，风味鲜美，深受人民的喜爱。叶用莴苣又名生菜，以生食叶片为主，又分为散叶生菜和结球生菜。叶用生菜含有大量的维生素和铁质，具有一定的医疗价值。叶用莴苣在西餐中作为色拉冷盘食用，栽培和食用非常广泛，有些国家将黄瓜、番茄和莴苣称为保护地三大蔬菜。

**（一）露地莴苣栽培技术**

1. 莴笋栽培技术

（1）春莴笋。

①播种期。在一些露地可以越冬的地区常实行秋播，植株在 6~7 片真叶时越冬。春播时，各地播种时间比早甘蓝稍晚些，一般均进行育苗。

②育苗。播种量按定植面积播种 1kg/hm² 左右，苗床面积与定植面积之比约为 1∶20。出苗后应及时分苗，保持苗距4~5cm。苗期适当控制浇水，使叶片肥厚、平展，防止徒长。

③定植。春季定植，一般在终霜前 10 天左右进行。秋季定植，可在土壤封冻前 1 个月的时期进行。定植时植株带 6~7cm 长的主根，以利缓苗。定植密度一般为株距 30cm，行距 40cm。

④田间管理。秋播越冬栽培者，定植后应控制水分，以促进植株发根，结合中耕进行蹲苗。土地封冻以前用马粪或圈粪盖在植株周围保护茎以防受冻，也可结合中耕培土围根。返青以后要少浇水多中耕，植株"团棵"时应施一次速效性氮肥。长出两个叶环时，应浇水并施速效性氮肥与钾肥。

⑤收获。莴笋主茎顶端与最高叶片的叶尖相平时（"平口"）为收获适期，这时茎部已充分肥大，品质脆嫩，如收获太晚，花茎伸长，纤维增多，肉质变硬甚至中空。

（2）秋莴笋。秋莴笋的播种育苗期正处高温季节，昼夜温差小，夜温高，呼吸作用强，容易徒长，同时播种后的高温长日照使莴笋迅速花芽分化而抽薹，所以能否培育出壮苗及防止未熟抽薹是秋莴笋栽培成败的关键。

选择耐热不易抽薹的品种，适当晚播，避开高温长日期间。培育壮苗，控制植株徒长。定植时植株日历苗龄在 25 天左右，最长不应超过 30 天，4~5 片真叶大小。注意肥水管理，防止茎部开始膨大后的生长过速，引起茎的品质下降。为防止莴笋的未熟抽薹，可在莴笋封行，基部开始肥大时，用 500~1 000mg/kg 的 MH 或 600~1 000mg/kg 的 CCC 喷叶面 2~3 次，可有效地抑制薹的抽长，增加茎重。

2. 结球莴苣栽培技术

结球莴苣耐寒和耐热能力都较弱，主要安排在春、秋两季栽培。春茬在 2—4 月，播种育苗。秋季在 8 月育苗。3 片真叶时进行分苗，间距 6cm×6cm。5~6 片叶时定植，株行距各 25~30cm。栽植时不易过深，以避免田间发生叶片腐烂。缓苗后浇 1~2 次水，并结合中耕。进入结球期后，结合浇水，追施硫酸铵 200~300kg/hm$^2$。结球前期要及时浇水，后期应适当控水，防止发生软腐和裂球。

春季栽培时，结球莴苣花薹伸长迅速，收获太迟会发生抽薹，使品质下降。结球莴苣质地嫩，易碰伤和发生腐烂，采收时要轻拿轻放。

### （二）保护地莴苣栽培

根据栽培地的特点以及保护地的不同类型，不同的栽培季节所创造的温度条件，合理地安排育苗和定植期是非常重要的。如以大棚栽培来说，东北部地区，应在 3 月中下旬定植，4 月中下旬收获；东北中南部，3 月上旬定植，4 月上中旬采收。

1. 叶用莴苣的保护地栽培

（1）莴苣育苗技术。

①种子处理。播种可用干籽，也可用浸种催芽。用干籽播种时，播种前用相当于种子重量 0.3% 的 75% 百菌清可湿性粉剂拌种，拌后立即播种，切记不可隔夜。浸种催芽时，先用

20℃左右清水浸泡3~4h，搓洗捞出后控干水，装入纱布袋或盆中，置于20℃处催芽，每天用清水淘洗一次，同样控干继续催芽，2~3天可出齐。夏季催芽时，外界气温过高，要置于冷凉地方或置于恒温箱里催芽，温度掌握在15~20℃。

②播种。选肥沃沙壤土地，播前7~10天整地，施足底肥。栽培田需要苗床6~10m²/亩，用种30~50g。苗床施过筛粪肥10kg/10m²、硫酸铵0.3kg、过磷酸钙0.5kg和氯化钾0.2kg，也可用磷酸二铵或氮磷钾复合肥折算用量代替。整平作畦，播前浇足水，水渗后，将种子混沙均匀撒播，覆土0.3~0.5cm。高温时期育苗时，苗床也需遮阳防雨。

③播后及苗期管理。播后保持20~25℃，畦面湿润，3~5天可出齐苗。出苗后白天18~20℃，夜间1~8℃。幼苗在两叶一心时，及时间苗或分苗。间苗苗距3~5cm；分苗在5cm×5cm的塑料营养钵中。间苗或分苗后，可用磷酸二氢钾喷或随水浇一次。苗期喷1~2次75%百菌清或甲基硫菌灵防病。苗龄期在25~35天长有4~5片真叶时定植。

（2）定植后田间管理。定植后一般分2~3次追肥。定植后7~10天结合浇水追肥，一般追速效肥。早熟种在定植后15天左右，中晚熟种在定植后20~30天，进行一次重追肥，用硝酸铵10~15kg/亩。以后视情况再追一次速效氮肥。

结球莴苣根系浅，中耕不宜深，应在莲座期前中耕1~2次，莲座期后基本不再中耕。

（3）采收。结球莴苣成熟期不很一致，要分期采收，一般在定植后35~40天即可采收。采收时叶球宜松紧适中，成熟差的叶球松，影响产量；而收获过晚，叶球过紧容易爆裂和腐烂。收割时，自地面割下，剥除地面老叶，若长途运输或储藏时要留几片外叶来保护主球及减少水分散失。

2. 茎用莴苣（莴笋）的保护地栽培

莴笋育苗和定植可参照结球莴苣的方式进行。定植缓苗后要先蹲苗后促苗。一般是在缓苗后及时浇一次透水，接着连续中耕 2~3 次，再浇一次小水，然后再中耕，直到莴笋的茎开始膨大时结束蹲苗。

在缓苗后结合缓苗水追肥一次，当嫩茎进入旺盛生长期再追肥一次，每次追施硝酸铵 10~15kg。

在嫩茎膨大期可用 500~1 000mg/L 青鲜素进行叶面喷洒一次，在一定程度上能抑制莴笋抽薹。

莴笋成熟时心叶与外叶最高叶一齐，株顶部平展，俗称"平口"。此时嫩茎已长足，品质最好，应及时收获。生长整齐 2~3 次即可收完，用刀贴地割下，顶端留下 4~5 片叶，其他叶片去掉，根部削净上市。

## 第五节　豆类蔬菜栽培

### 一、菜豆

菜豆，又称四季豆、芸豆、茬豆、春分豆，豆科菜豆属一年生蔬菜，起源于美洲中部和南部，16 世纪传入我国，全国各地普遍栽培。菜豆主要以嫩荚为食，其营养价值高、肉质脆嫩、味道鲜美，深受消费者的喜爱。

#### （一）品种选择

选用熟期适宜、丰产性好、生长势强、优质、综合抗性好的品种，如 2504 架豆、绿龙菜豆、烟芸 3 号、双丰 1 号，泰国架豆王等。

**（二）种子处理**

选择子粒饱满、有光泽的新种子，剔去有病斑、虫伤、霉烂、机械混杂或已发芽种。选晴天中午暴晒种子 2～3 天，进行日光消毒和促进种子后熟，提高发芽势，使发芽整齐。

**（三）培育壮苗**

春茬菜豆的适宜苗龄为 25～30 天，需在温室内育苗。用充分腐熟的大田土作为营养土（土中忌掺农家肥和化肥，否则易烂种）。播种前先将菜豆种子晾晒 2 天，用福尔马林 300 倍液浸种 4h 用清水冲洗干净。然后将种子播于 7cm×7cm 的营养钵中，每钵播 3 粒，覆土 2cm，最后盖膜增温保湿。出苗前不通风，白天气温保持 18～25℃，夜间在 13～15℃；出苗后，日温降至15～20℃，夜温降至 10～15℃。第 1 片真叶展开后应提高温度，日温 20～25℃，夜温 15～18℃，以促进根、叶生长和花芽分化。定植前 4～6 天逐渐降温炼苗，日温 15～20℃，夜温 10℃左右。菜豆幼苗较耐旱，在底水充足的前提下，定植前一般不再浇水。苗期尽可能改善光照条件，防止光照不足引起徒长。幼苗 3～4 片叶时即可定植。

**（四）整地定植**

选择土层深厚、排水通气良好的沙壤土地块栽培。定植前结合精细整地施入充分腐熟的有机肥每亩 4 000～5 000kg、三元复合肥或磷酸二铵每亩 30～40kg 做基肥。

定植一般在 3 月中旬前后，苗龄 30 天左右，采用高垄地膜覆盖法，垄高 20～23cm，大行距 60～70cm，小行距 45～50cm，穴距 28～30cm，每穴双株，栽 4 000～6 000 株/亩。

**（五）定植后的管理**

定植后闭棚升温，日温保持在 25～30℃，夜温保持在 20～25℃。缓苗后，日温降至 20～25℃，夜温保持在 15℃。前期注意保温，3 月后外界温度升高，注意通风降温。进入开花期。日温保持在 22～25℃，有利于坐荚。当棚外最低温度达 23℃以上时昼夜通风。

菜豆苗期根瘤化氮能力差，管理上应施肥养蔓，及时搭架引蔓，防止相互缠绕，可在缓苗后追施尿素每亩 15kg，以利根系生长和叶面积扩大。开花结荚前，要适当蹲苗控制浇水，一般"浇荚不浇花"，否则易引起落花落荚。当第 1 花序嫩荚坐住长到半大时，结合浇第 1 次水冲施三元复合肥每亩 10～15kg，以后每采收 1 次追肥 1 次，浇水后注意通风排湿。

结荚后期，及时剪除老蔓和病叶，以改善通风透光条件，促进侧枝再生和潜伏芽开花结荚。

### （六）采收

菜豆开花后 10～15 天，可达到食用成熟度。采收标准为豆荚由细变粗，荚大而嫩，豆粒略显。结荚盛期，每 2～3 天可采收 1 次。用拧摘法或剪摘法及时采收，采收时要注意保护花序和幼荚采大留小，采收过迟，容易引起植株早衰。

## 二、豇豆

豇豆又名豆角、长豆角、带豆等，原产非洲热带草原地区，是夏秋淡季的主要蔬菜之一。

### （一）整地播种

结合整地，每亩施入充分腐熟的有机肥4m³ 左右。然后做成宽 1.3m 的低畦或 65～75cm 的垄畦。

### （二）播种

春季宜在地温 10～12℃以上时播种。直播，一般行距 60～75cm、株距 25～30cm，每穴播 3～4 粒。播种深度约 3cm。每亩用种3～4kg。

### （三）育苗与定植

豇豆育苗移栽可提早采收，增加产量。为保护根系，用直径约 8cm 的纸筒或营养钵育苗，每钵播 3~4 粒，播后覆塑料小拱棚，出土后至移植前，保持 20~25℃，床内保持湿润而不过湿。苗龄 15~20 天，2~3 片复叶时定植。行距 60~80cm，株距 25~30cm，每穴 2~3 株，夏秋可留 3~4 株。矮生种可比蔓生种较密些。

### （四）搭架摘心

当植株生长有 5~6 片叶时搭"人"字形架引蔓上架。第一花序以下的侧枝彻底去除。生长中后期，对中上部侧枝留 2~3 片叶摘心。主蔓 2m 以后及时摘心打顶，以使结荚集中，促进下部侧花芽形成。

摘心、引蔓宜在晴天中午或下午进行，便于伤口愈合和避免折断。

### （五）肥水管理

开花结荚前，控制肥水，防徒长。当第一花序开花坐果，其后几节花序显现时，浇足头水。中下部豆荚伸长，中上部花序出现后，浇二水。以后保持地面湿润。

追肥结合浇水进行，隔一水一肥。7 月中下旬出现伏歇现象时适当增加肥水，促侧枝萌发，形成侧花芽，并使原花序上的副花芽开花结荚。

### （六）采收

开花后 15~20 天，豆荚饱满，种子刚显露时采收。第一个荚果宜早采。采收时，按住豆荚基部，轻轻向左右转动，然后摘下，避免碰伤其他花序。

### 三、豌豆

豌豆是豆科豌豆属一年生或二年生攀缘性草本植物，别名荷兰豆、回回豆、青斑豆、麻豆、金豆等。全国各地都有栽培。

豌豆每 100g 嫩荚含水 70.1~78.3g、碳水化合物 14.4~29.8g、蛋白质 4.4~10.3g、脂肪 0.1~0.6g、胡萝卜素 0.15~0.33mg，还含有人体必需的氨基酸。豌豆的嫩荚、嫩豆可炒食，嫩豆又是制罐头和速冻蔬菜的重要原料豆。

#### （一）栽培制度与栽培季节

东北大部分地区仅能春、夏播种，夏、秋收获。也可利用日光温室或塑料拱棚进行豌豆春提前、秋延后栽培和冬茬栽培。

豌豆忌连作，应实行 4~5 年甚至 8 年的轮作。保护地栽培多和番茄、辣椒套作，特别是在黄瓜后期套作，待黄瓜拉秧后即上架栽培。

#### （二）菜用豌豆的露地栽培技术

1. 整地和施肥

豌豆的根系分布较深，须根多，因此，宜选择土质疏松，有机质丰富的酸性小的沙质土或沙壤土，酸性大的田块要增施石灰，要求田块排灌方便，能干能湿。

豌豆主根发育早而快，故在整地和施基肥时应特别强调精细整地和早施肥，这样才能保证苗齐苗壮。北方春播宜在秋耕时施基肥，一般施复合肥 450kg/hm² 或饼肥 600kg/hm²、磷肥 300kg/hm²、钾肥 150kg/hm²。北方多用平畦，低洼多湿地可做成高垄栽培。

2. 播种

人工选择粒大饱满、均匀、无病斑、无虫蛀、无霉变的优质种子，播前翻晒 1~2 天。并进行种子处理，方法有两种：一是低温处理，即先浸种，用水量为种子容积量的一半，浸 2h，并上下翻动，使种子充分均匀湿润，种皮发胀后取出，每隔 2h 再用清水浇一次。经过 20h，种子开始萌动，胚芽外露，然后在 0~2℃ 低温下处理 10 天，取出后便可播种。试验证明，低温处理过的种子比对照结荚节位降低 2~4 个，采收期提前 6~8 天，产量略有增加。二是根瘤菌拌种处理。即用根瘤菌 225~300g/hm²，加少量水与种子充分拌匀即可播种。条播或穴播。一般行距 20~30cm，株距 3~6cm 或穴距 8~10cm，每穴两三粒。用种量 10~15kg/亩。株型较大的品种一般行距 50~60cm，穴距 20~23cm，每穴两三粒，用种量 4~5kg/亩。播种后踩实，以利种子与土壤充分接触吸水并保墒，盖土厚度 4~6cm。

3. 田间管理

（1）肥水管理。豌豆有根瘤菌固氮，对氮素的要求不高。为了多分枝、多结荚夺取高产，除施基肥外，还应适时适量施好苗肥和花荚肥。前期若要采摘部分嫩梢上市，基肥中应增加氮肥用量，促进茎叶繁茂，减少后期结荚缺肥的影响。现蕾开花前浇小水，并追施速效性氮肥，可促进茎叶生长和分枝，防止花期干旱。开花期不浇水，中耕保墒防止发生徒长。待基部荚果已坐住，开始浇水，并追施磷、钾肥，以利增加花数、荚数和种子粒数。结荚盛期保持土壤湿润，促进荚果发育。待荚果数目稳定，植株生长减缓时，减少水量，防止倒伏。大风天气不浇水，防止倒伏。蔓生品种，生长期较长，一般应在采收期间再追施 1 次氮、钾肥，以防止早衰，延长采收期，提高产量。

豌豆对微量元素钼需要量较多，开花结荚期间可用 0.2% 钼酸铵进行根外喷施 2~3 次，可有效提高产量和品质。

（2）中耕培土。豌豆出苗后，应及时中耕，第一次中耕培土在播种后 25~30 天进行，第二次在播后 50 天左右进行，台风暴雨后及时进行松土，防止土壤板结，改善土壤通气性，促进根瘤菌生长。前期松土可适当深锄，后期以浅锄为主，注意不要损伤根系。

（3）搭棚架。蔓生性的品种，在株高 30cm 以上时，就生出卷须，要及时搭架。半蔓生性的品种，在始花期有条件的最好也搭简易支架，防止大风暴雨后倒伏。

# 第六节 葱蒜类蔬菜栽培

## 一、韭菜

韭菜，别名起阳草，原产我国，为百合科多年生宿根蔬菜。从东北到华南，普遍栽培。一次播种后，可以收割多年。除采收青韭外，还可以采收韭薹及软化栽培的韭黄。近年来韭菜设施栽培发展也很迅速，在调节淡季供应中占有重要的地位。

### （一）栽培季节与繁殖方式

韭菜适应性广又极耐寒，长江以南地区可周年露地栽培，长江以北地区韭菜冬季休眠，可利用各种设施进行设施栽培，供应元旦、春节及早春市场。长江流域一般春播秋栽，华南地区一般秋播次春定植。

韭菜的繁殖方式有两种：一种是用种子繁殖，直播或育苗移栽；另一种是分株繁殖，但生命力弱，寿命短，长期用此法，易发生种性退化现象。

**（二）直播或育苗**

1. 播种期

从早春土壤解冻一直到秋分可随播种，而以春播的栽培效果为最好。春播的养根时间长，并且春播时宜将发芽期和幼苗期安排在月均温在15℃左右的月份里，有利于培育壮苗。夏至到立秋之间，炎热多雨，幼苗生长细弱，且极易滋生杂草，故不宜在此期育苗。秋播时应使幼苗在越冬前有60余天的生长期，保证幼苗具有3~4片真叶，使幼苗能安全越冬。

2. 播前准备

苗床宜选在排灌方便的高燥地块。整地前施入充分腐熟的粪肥，深翻细耙，做成1.0~1.7m宽的高畦。早春用干籽播种，其他季节催芽后播种。催芽时，用20~25℃的清水浸种8~12h，洗净后置于15~20℃的环境中，露芽后播种。

3. 播种方法

（1）播种育苗。干播时，按行距10~12cm开深2cm的浅沟，种子条播于沟内，耙平畦面，密踩一遍，浇明水。湿播时浇足底水，上底土后撒籽，播种后覆2~3cm厚的过筛细土。用种量为7.5~10g/m²。

（2）直播。直播一般采用条播或穴播。按30cm间距开宽15cm、深5~7cm的沟，趟平沟底后浇水，水渗后条播，再覆土。用种量3~4.5g/m²。

4. 苗期管理

湿播出苗后，畦面干旱时浇一小水或播后覆地膜增温保墒促出苗。干播出苗阶段应保持地面湿润。株高6cm时结合浇水追一次肥，以后保持地面湿润，株高10cm时结合浇水进行第二次追肥，株高15cm时结合浇水追第三次肥，每次追施碳酸铵150~225kg/hm²。以后进行多次中耕，适当控水蹲苗，防倒伏烂秧。

### （三）定植

春播苗于立秋前定植，秋播苗于翌春谷雨前定植。定植前结合翻耕，施入充分腐熟的粪肥 75 000 kg/hm²，做成 1.2~1.5m 宽的低畦。定植前 1~2 天苗床浇起苗水，起苗时多带根，抖净泥土，将幼苗按大小分级、分区栽植。

定植方法有宽垄丛植和窄行密植两种，前者适于沟栽，后者适于低畦。沟栽时，按 30~40cm 的行距、15~20cm 的穴距，开深 12~15cm 的马蹄形定植穴（此种穴形可使韭苗均匀分布，利于分蘖），每穴栽苗 20~30 株。该栽苗法行距宽，便于软化培土及其他作业，适于栽培宽叶韭。低畦栽，按行距 15~20cm、穴距 10~15cm 开马蹄形定植穴，每穴定植 8~10 株。由于栽植较密，不便进行培土软化，适于生产青韭。

定植深度以覆土至叶片与叶鞘交界处为宜，过深则减少分蘖，过浅易散撮。栽后立即浇水，促发根缓苗。

### （四）定植当年的管理

定植当年以养根为主，不收青韭。定植后连浇 2~3 次水促缓苗。缓苗后中耕松土，并将定植穴培土防积水。秋分后每隔 5~7 天浇一次水，保持地面湿润。白露后结合浇水每 10 天左右追一次肥，每次用碳酸铵 225kg/hm²。寒露后减少浇水，保持地面见干见湿，浇水过多会使植株贪青，叶中养分不能及时回根而降低抗寒力。立冬以后，根系活动基本停止，叶片经过几次霜冻枯黄凋萎，被迫进入休眠。上冻前应浇足稀粪水。

## 二、大葱

大葱为百合科葱属二年生，以假茎和嫩叶为产品的草本植物，在我国的栽培历史悠久，山东、河南、河北、陕西、辽宁、北京、天津是大葱的集中产区，出现很多著名的大葱品种，如山东的章丘大葱等。大葱抗寒耐热，适应性强，高产耐储，可周年均衡供应。

### （一）播种育苗

苗床宜选择土质疏松、有机质丰富的沙壤土，每亩施入腐熟农家肥 4 000~5 000kg，过磷酸钙 50kg，将整好的地做成 85~100cm 宽、600cm 长的畦，育苗面积与大田栽植面积的比例一般为 1∶（8~10）。大葱播种一般可分平播（撒播）和条播（沟播）两种方式，撒播较普遍。采用当年新籽，每亩播种量 3~4kg。苗期管理主要有间苗、除草、中耕、施肥和浇水。苗期追肥一般结合灌水进行，秋播育苗的，越冬前应控制水肥，结合灌冻水追肥，越冬期间结合保温防寒可覆盖粪土。返青后结合灌水追肥 2~3 次，每次每亩施尿素 10~15kg。春播苗从 4 月下旬开始第一次浇水施肥，到 6 月上旬要停止浇水施肥，进行蹲苗、炼苗，使葱叶纤维增加，增强抗风、抗病能力。于栽植前 10 天施肥浇水，此次施肥为移栽返青打下良好基础，因此也称这次肥为"送嫁"肥。当株高 30~40cm，假茎粗 1~1.5cm 时，即可定植。

### （二）整地作畦，合理密植

每亩施入腐熟农家肥 2 500~5 000kg，耕翻整平后开定植沟，沟内再集中施优质有机肥 2 500~5 000kg，短葱白品种适于窄行浅沟，长葱白品种适于宽行深沟。合理密植是获得大葱高产、优质的重要措施。一般长葱白型大葱每亩栽植 18 000~23 000 株，株距一般在 4~6cm 为宜，短葱白型品种栽植，每亩栽植 20 000~30 000 株。

### （三）田间管理

田间管理的中心是促根、壮棵和促进葱白形成，具体措施是培土软化和加强肥水管理。

1. 灌水

定植后进入炎夏，恢复生长缓慢，植株处于半休眠状态，此时管理中心是促根，应控制浇水；气温转凉后，生长量增加，对水分需求多，灌水应掌握勤浇、重浇的原则，每隔 4~6 天浇 1 水；进入假茎充实期，植株生长缓慢，需水量减少，此时保持土壤湿润；收获前 5~7 天停止浇水，以利收获和储藏。

2. 追肥

在施足基肥的基础上还应分期追肥。天气转凉，植株生长加快时，追施"攻叶肥"，每亩施腐熟农家肥 1 500~2 000kg、过磷酸钙 20~25kg，促进叶部生长；葱白生长盛期，应结合浇水追施"攻棵肥" 2 次，每亩施尿素 15~20kg、硫酸钾 10~15kg。

3. 培土

大葱培土是软化其叶鞘，增加葱白长度的有效措施，培土高度以不埋住葱心为标准。在此前提下，培土越高，葱白越长，产量和品质也越好。培土开始时期是从天气转凉开始至收获，一般培土 3~4 次。

**（四）收获**

大葱的收获应根据不同栽植季节和市场供应方式而定，秋播苗早植的大葱，一般以鲜葱供应市场，收获期在 9—10 月。春播苗栽植大葱，鲜葱供应在 10 月上旬收获，干储越冬葱在 10 月中旬至 11 月上旬收获。

## 三、洋葱

洋葱又名球葱、圆葱、玉葱、葱头，属百合科葱属，洋葱为百合科葱属二年生草本蔬菜植物。洋葱在我国分布很广，南北各地均有栽培，而且种植面积还在不断扩大，是目前我国主栽蔬菜之一。我国已成为洋葱 4 个主产国（中国、印度、美国、日本）之一。洋葱是一种保健食品，中医认为，洋葱性平，味甘、辛，具有健胃、消食、平肝、润肠、利尿、发汗的功能。现代医学研究发现，洋葱含挥发油、硫化物、类黄酮、甾体皂苷类和前列腺素类等化学成分。

**（一）栽培季节**

应根据当地的气候条件和栽培经验而定，江苏、山东及周边地区以 9 月上中旬播种为宜。晚熟品种可适当推迟 4~5 天。

**（二）品种选择**

所用品种应根据气候环境条件与栽培习惯进行选择。我国洋葱的主要出口国是日本，出口洋葱采用的品种一般由外商直接提供，现在在日本市场深受欢迎的品种有金红叶、红叶三号、地球等。徐淮地区主要栽培品种有港葱系列、红叶三号、地球等。

**（三）播种育苗**

栽培地应选在地力较好、地势平坦、水资源较好的地区。

育苗畦宽 1.7m，长 30m（可栽植亩），播种前每畦施腐熟农家肥 200kg，用 30ml 50%辛硫磷乳油加 0.5kg 麸皮，拌匀后撒在农家肥上防治地下害虫。再翻地，将畦整平，踏实，灌足底水，水渗后播种，每亩大田需种子 120~150g，播后覆土 1cm 左右，然后加覆盖物遮阴保墒。苗齐后浇 1 次水，以后尽量少浇水。苗期可根据苗情适当追肥 1~2 次，并进行人工除草，定植前半个月适当控水，促进根系生长。

**（四）定植**

（1）整地施肥与作畦。整地时要深耕，翻耕的深度不应少于 20cm，地块要平整，便于灌溉而不积水，整地要精细。中等肥力田块（豆茬、玉米等旱茬较好）每亩施优质腐熟有机肥 2t、磷酸二铵或三元复合肥 40~50kg 作底肥。栽植方式宜采用平畦,一般畦宽 0.9~1.2m(视地膜宽度而定),沟宽 0.4m,便于操作。

(2)覆膜。覆膜可提高地温,增加产量,覆膜前灌水,水渗下后每亩喷 330g/L 二甲戊灵乳油 150ml。覆膜后定植前按 16cm×16cm 或 17cm×17cm 株行距打孔。

(3)选苗。选择苗龄 50~60 天,直径 5~8mm,株高 20cm,有 3~4 片真叶的壮苗定植。苗径小于 5mm,易受冻害,苗径大于 9mm 时易通过春化引发先期抽薹。同时将苗根剪短到 2cm 长准备定植。

(4)定植。适宜定植期为"霜降"至"立冬"。定植时应先分级,先定植标准大苗,后定植小苗,定植深浅度要适宜,定植深度以不埋心叶、不倒苗为度,过深鳞茎易形成纺锤形,且产量低,过浅又易倒伏,以埋住苗基部 1~2cm 为宜。一般亩定植 2.2 万~2.6 万株,栽后再灌足水,浇水以不倒苗、畦面不积水为好。水渗下后查苗补苗,保证苗全苗齐。

**(五)定植后管理**

1. 适时浇水

定植后的土壤相对湿度应保持在 60%~80%,低于 60% 则需浇水。浇水追肥还应视苗情、地力而定,肥水管理应掌握"年前控,年后促"的原则,一般应"小水勤灌"。冬前管理简单,让其自然越冬。在土壤封冻前浇 1 次封冻水,次年返青时及时浇返青水,促其早发。鳞茎膨大期浇水次数要增加,一般 6~8 天浇 1 次,地面保持见干见湿为准,便于鳞茎膨大。收获前 8~10 天停止浇水,有利于储藏。

2. 巧追肥

关键肥生长期内除施足基肥外,还要进行追肥,以保证幼苗生长。

（1）返青期。随浇水追施速效氮肥，促苗早发，每亩追尿素 15kg、硫酸钾 20kg 或追 48%三元复合肥 30kg。

（2）植株旺盛生长期。洋葱 6 叶 1 心时即进入旺盛生长期，此时需肥量较大，每亩施尿素 20kg，加 45%氮磷钾复合肥 20kg，可以满足洋葱旺盛生长期对养分的需求。

（3）鳞茎膨大期。洋葱地上部分达封 9 片叶时即进入鳞茎膨大期，植株不再增高，叶片同化物向鳞茎转移，鳞茎迅速膨大，此期又是一个需肥高峰，特别是对磷、钾肥的需求明显增加。实践证明，每亩施 30kg 45%氮磷钾复合肥，可保证鳞茎的正常膨大。

## 四、大蒜

大蒜别名蒜、胡蒜。属百合科葱中以鳞芽构成鳞茎的栽培种，一二年生蔬菜。以其蒜头、蒜薹、蒜黄、嫩叶（青蒜或称蒜苗）为主要产品供食用。

### （一）栽培季节与茬口安排

适宜的栽培季节确定，是获得蒜薹和蒜头双丰收的重要措施，栽培季节要根据大蒜不同生育期对外界条件的要求以及各地区的气候条件来定。

大蒜可春播或秋播，在北纬 38°以北地区，冬季严寒，幼苗露地越冬困难宜春播；北纬 35°~38°地区，可根据当地气温及覆盖栽培与否，确定春播还是秋播。一般在冬季月平均温度低于−5°的地区，以春播为主。春播宜早，一般在日平均温度达 3~6℃时，土壤表层解冻，可以操作，即应播种。

秋季播种大蒜，幼苗有较长的生长期。与春播大蒜相比，秋播延长了幼苗生育期，蒜头和蒜薹产量都较高。因此，凡幼苗能露地安全越冬的地区和品种，都应进行秋播。在秋播地区，适宜播种的日均温度为 20~22℃，应使幼苗在越冬前长有4~5 片叶时，以利幼苗安全越冬。一般华北地区的播种期在 9月中下旬，秋播不可过早，否则植株易衰老，蒜头开始肥大后不久，植株枯黄，产量下降；亦不可过迟，否则蒜苗生长期短，冬前幼苗小，抗寒力弱，不能安全越冬，而且由于生长期短，影响蒜头产量。

大蒜忌与葱、韭菜等百合科作物连作，应与非葱蒜类蔬菜轮作 3~4 年。春播大蒜多以白菜、秋番茄和黄瓜等蔬菜为前茬，冬季休闲后播种。秋播大蒜，以豆类、瓜类、茄果类、马铃薯、玉米和水稻等作物为前茬。

**（二）品种选择**

大蒜多选用薹、蒜两用品种，根据各地的生态条件，选择适宜的生态型品种，宜选用抗病虫、高产、优质、耐热、抗寒的品种。

**（三）整地施肥**

大蒜的根吸水肥能力较弱，故要选择土壤疏松、排水良好、有机质含量丰富的田块，要求精细整地，深耕细耙，施足底肥、整平畦面。秋播地一般深耕 15~20cm，结合深耕施腐熟、细碎的有机肥，并配施磷、钾肥后，及时翻耕，耙平作畦，畦宽 1.3~1.7m，畦长以能均匀灌水为度，挖好排水沟。在整地作畦时，地表面一定要土细平整、松软，不能有大土块和坑洼。

**（四）选种及种瓣处理**

大蒜属无性繁殖蔬菜，其播种材料是蒜瓣。播种前选种是取得优质、高产的重要环节之一。播前进行选头选瓣，应选择蒜头圆整、蒜瓣肥大、色泽洁白，顶芽肥壮，无病斑，无伤口的蒜瓣作种。种蒜大小对产量影响很大，大瓣种蒜储藏养分多，发根多，根系粗壮且幼芽粗，鳞芽分化早，生产出的新蒜头大瓣比例高，蒜头重，蒜薹、蒜头产量高，种蒜效益也可以提高。但种瓣并不是越大越好，选瓣时应按大（5g 以上）、中（4g）、小（3g 以下）分级，分畦播种，分别管理，应选用大、中瓣作为蒜薹和蒜头的播种材料，过小的不用。选瓣时去除蒜蹲（即干缩茎盘）。

**（五）播种**

大蒜株形直立，叶面积小，适于密植。蒜薹和蒜头的产量是由每亩株数、单株蒜瓣数和薹重、瓣重三者构成的，合理的播种密度是大蒜优质高产的关键。密度的大小与品种特点、种瓣大小、播期早晚、壤肥力、肥水条件及栽培目的等多种因素有关。在一定密度范围内，加大密度可提高单位面积蒜头、蒜薹的产量，超过一定密度范围后，随着密度的增加，蒜头会减小，小蒜瓣比例增多，蒜薹变细，商品质量下降。

大蒜播种的最适时期是使植株在越冬前长到 5~6 片叶。此时植株抗寒力最强，在严寒冬季不致被冻死，并为植株顺利通过春化打下良好基础。大蒜播种方法有两种：一种是插种，即将种瓣插入土中，播后覆土，踏实；另一种是开沟播种，即用锄头开一浅沟，将种瓣点播土中。开好一条沟后，同时开出的土覆在前一行种瓣上。播后覆土厚度 2cm 左右，用脚轻度踏实，浇透水。播种密度行距 20~23cm，株距 10~12cm。沟的深度以 3~5cm 为宜，不能过深或过浅。

大蒜播种深浅与覆土的厚薄和植株生长发育、蒜头产量有密切关系，一般深 2~3cm。播种过深，出苗迟，假茎过长，根系吸水肥多，生长过旺，蒜头形成受到土壤挤压难于膨大；播种过浅，种瓣覆土浅，出苗时容易"跳瓣"，幼苗期容易根际缺水，根系发育差，越冬时易受冻死亡，而且蒜头容易露出地面，受到阳光照射，蒜皮容易粗糙、组织变硬、颜色变绿，降低蒜头的品质。

### （六）田间管理

大蒜播种后的田间管理，要以不同生育期而定。

春播大蒜萌芽期，若土壤湿润，一般不浇水，以免降低地温和土壤板结，影响出苗。秋播大蒜根据墒情决定浇水与否，若墒情不好，播后可浇 1 次透水，土壤板结前再浇一次小水促出苗，然后中耕疏松表土。

春播大蒜出苗后要少灌水，以中耕、保墒提高地温为主，一般于"退母"前开始灌水追肥。秋播大蒜出苗后冬前控水，以中耕为主，促进扎根。4~5 片叶时结合浇水追施尿素。封冻前适时浇冻水，北方寒冷地区还需要盖草防冻，保证幼苗安全越冬。立春后，当气温稳定在 1~2℃以上时要及时逐渐清除覆草，然后浅中耕，浇返青水并追肥，每次浇水后及时中耕保墒。

蒜薹伸长期是大蒜植株旺盛生长期，也是水肥管理的主要时期，应保持土壤湿润，当基部的 1~4 片叶开始出现黄尖时及时浇 1 次水，并适当追肥，使植株及时得到营养补给，促进蒜薹和鳞芽的生长。一般 4~5 天灌水 1 次，保持地面湿润。于"露苞"时结合灌水追肥 1 次，大水大肥促薹、促芽、催秧，使假茎上下粗度一致，采薹前 3~4 天停止浇水，以免脆嫩断薹。

采薹后大蒜叶的生长基本停止，其功能持续 2 周后开始枯黄脱落，根系也逐渐失去吸收功能，要及时补充土壤水分，并追施 1 次催头肥，延长叶、根寿命，防止植株早衰，促进鳞茎充分膨大。以后每隔 3~5 天浇 1 次水，收蒜头前 1 周停水，以防湿度过大造成散瓣，同时有利于起蒜，提高蒜头的耐储性。

# 第四章 果树绿色生态栽培新技术

## 第一节 苹 果

### 一、苹果育苗技术

苹果树育苗一般采用嫁接育苗，采用矮化砧或乔化砧，用劈接法进行嫁接。

#### （一）砧木的选择

主要乔化砧木有山定子、海棠、楸子等。矮化砧主要有 M 系的 2、4、7、9、26、27 号和 MM106；MAC 系的 1、9、10、25、39、46 号等。

#### （二）砧木的繁育

乔化砧一般采用实生苗繁殖，矮化砧一般采用扦插法繁殖。

#### （三）接穗的选择

接穗应选自性状优良、生长健壮、观赏价值或经济价值高、无病虫害的成年苹果树。采用根颈部徒长枝或幼树枝条作接穗，由于发育年龄小，嫁接后开花结果晚，寿命较长；采用成年树树冠上部的枝条进行嫁接，接穗发育年龄大，嫁接后开花结果早，与实生树相比寿命要短一些。

### （四）嫁接技术

嫁接的成活与气温、土温、接穗和砧木的活性有密切关系，嫁接时间的选择要根据天气条件、接穗的准备情况和嫁接量的需求灵活掌握，一般春季嫁接在 2 月中下旬到 3 月上中旬，不能太早，气温稳定在 8℃以上为宜；秋季嫁接在 7 月下旬到 8 月底。

嫁接方法春季一般采用劈接法，秋季采用嵌芽接法。

### （五）嫁接后的管理

剪砧，春季嫁接的 15～20 天后检查成活后即可剪砧，秋季嫁接的可以到次年的 2 月下旬到 3 月上旬进行，在嫁接芽上方 0.5cm 处剪去。

抹芽，接口下的芽要及早抹去，避免竞争养分。

灌水施肥，在生长较旺盛的 4—7 月，可以根据土壤墒情灌水 1～2 次，结合灌水进行施肥，每亩随灌水施入少量有机肥或 15～20kg 二胺。

中耕除草，在每次灌水或雨后要及时中耕，疏松土壤。要注意除草工作要尽早进行，锄草要锄净。

病虫害防治，剪砧后，果树幼苗生长迅速，要喷洒保护性药剂如石硫合剂防治病菌侵入，并防治毛虫；4—5 月防治毛虫、蚜虫、卷虫蛾等；5—7 月防治真菌病害侵入和落叶病。

## 二、苹果花果管理技术

### （一）保花保果措施

防冻害和病虫保花，早春灌水、树干涂白、花期熏烟和树盘覆盖等措施防止晚霜对花器的伤害，同时注意加强金龟子和各种真菌病害的防治，保花保果。

加强授粉，首先保证足够的授粉树配置，授粉树配置比例不低于15%，以20%~25%为宜。每4~6亩果园放一箱蜜蜂或每亩果园放60~150头壁蜂，能显著提高授粉率。人工采集花粉，在开花后1个小时，掺100倍滑石粉用喷粉器在清晨露水未干前站在上风头喷粉，盛花期喷粉2次效果较好。

花期喷肥和生长调节剂，盛花期喷洒0.4%的尿素混合0.3%的硼砂混合液，也可以在初花期和盛花期各喷洒1次0.1%的尿素+0.3%的硼砂+0.4%的蔗糖+4%农抗120混合稀释800倍液，能显著提高坐果率。初花期和盛花期各喷1次20ml的益果灵（0.1%的噻苯隆可溶性液剂）加15kg水配置成的溶液，可显著提高坐果率、优果率和单果重。

**（二）疏花疏果措施**

花前复剪，在花芽萌动后到开花前对结果期的苹果树进行修剪。修剪内容主要是对外密处的枝（枝组）适当疏除过强或过弱，使其多而不密，壮而不旺，合理负载，通风透光；冬剪时被误认是花芽而留下来的果枝和辅养枝，应进行短截或回缩，留作预备枝；冬剪漏剪的辅养枝，无花的可视其周围空间酌情从基部疏除，改善光照条件；冬剪时留得过长的枝，以梢弱顶端优势，控制旺长，或从基部变向扭别，缓和生长势，促生花芽；幼树自封顶枝，可破顶芽以促发短枝，培养枝组，促发中短枝；果台枝是花的，可留壮，无花的可回缩破台，过旺的可从基部隐芽处短截，空间大的可截一放一；连续多年结果的枝，可回缩到中后部短枝或壮芽处，更新复壮；生长势弱的短果枝群疏弱芽，留壮芽更新复壮；破除全部大年结果树中长果枝顶花芽达到以花换花、平衡结果目的；对弱枝、弱花全疏，只保留健壮短果枝或少量中果枝顶花芽，对串花枝、腋花芽一律只保留3~4个花芽缩剪；小年结果树多中截中长枝，以枝换枝，控制次年花量，目的是次年不出现大年现象。

疏花的时期以花序分离到初花期均可进行，有开花前摘花蕾和开花后摘花两个时期。疏花的方法有摘边花和去花序两种，前者仅去除边花留中心花，后者是留发育好的花序，去除发育不良和位置不当的花序。在花期气候不稳定时采取疏花序的办法，以后再疏果。疏果最好在落花后一周开始，最迟要在落花后 25~30 天内，即 5 月中旬以前疏完为宜。疏花疏果的关键是抓"早"。在条件许可的情况下，要做到宁早勿晚，越早越好。

### （三）果实套袋

在盛花后 1 个月内，结合疏果，全部完成果实的套袋。到果实采前 1 个月，去掉果实袋，促使果面上色。经套袋的果实，果面光洁，上色均匀。

### （四）提高果实着色的措施

进入果实着色期后，对冠内徒长枝、长枝及细弱枝进行疏缩修剪，打通内膛光路。对生长旺盛的果台枝重剪，防止果台枝叶遮光。

于采前 1 个月左右，在果树行间或冠下铺设反光膜，增加膛内光照，促使果实均匀上色。

于采前 1 个月左右，将果台上的叶片及果台副梢基部的叶片全部摘除，同时扭转果实 30°~60°。半个月后，再进行 1 次转果，促使果实前后上色。

富士苹果果实生育期为 175~190 天，在不遭受霜冻的前提，尽量延迟采收时期，促使果实充分上色。

## 三、病虫害防治技术

为害苹果枝、干、根的病害有：苹果树腐烂病、苹果树干腐病、苹果树枝干轮纹病、立枯病、根癌病等；为害苹果树叶片的病害有：苹果褐斑病、灰斑病、轮斑病、黑星病、白粉病等；为害苹果树花和果实的病害主要有：苹果花腐病、煤污病、锈果病、蜜果病等；经常发生的缺素症有：黄叶病、小叶病、缩果病、苦痘病等。

# 第二节　梨

## 一、梨树育苗技术

苹果树育苗一般采用嫁接育苗，一般采用"T"形芽接，较粗的根蘖苗，可采用腹接或切接。

### （一）砧木的选择

杜梨又名棠梨、灰梨，生长旺盛、根深、适应性强、抗旱、耐涝、耐盐碱、为我国北方梨区的主要砧木。褐梨又名棠杜梨，根系强大，嫁接后树势生长旺盛，产量高，但结果晚，华北，东北山区应用较多。豆梨又名山棠梨、明杜梨，根系较深，抗腐烂病能力强，抗寒能力不及杜梨，能抗旱，抗涝，与沙梨及西洋梨亲合力强。秋子梨又名山梨，耐寒性强，对腐烂病，黑星病抵抗能力强，丰产，寿命长，我国东北、黑龙江及华北寒冷干燥的地区，常用作梨的砧木。砂梨抗涝能力强，根系发达，生长旺盛、抗寒、抗旱能力差，对腐烂病有一定的抵抗能力，是我国南方暖湿多雨地区的常用砧木。

### （二）砧木的繁育

梨树砧木一般采用实生苗繁殖。9月下旬至10月上旬采集种子，经沙藏60~70天处理后，待播种。翌年3月下旬至4月上旬播种。

### （三）接穗的选择

接穗应选择品种纯正、无病虫的7~8年生梨树，树冠中下部腋芽饱满的健壮枝。

### （四）嫁接技术

嫁接梨树采用"T"形芽接，较粗的分蘖苗，可采用腹接或切接。秋接一般在小暑至大暑节气较好。如过早接，砧苗粗度小，根系不发达，成苗慢，达不到当年出圃要求；过迟接，虽然砧苗粗度大，接后成苗快，但生长期缩短，同样难以达到出圃要求。嫁接时剪砧留叶，砧高 8~10cm，以利嫁接成活和快长。采用单芽切接法，选择枝条中部露白饱满芽 2.5~3cm 长作接穗芽，是秋接育苗成功的关键。剪接穗芽削面长 1.2~1.5cm，背面斜削 45°切面，芽上部留 0.5~0.7cm。然后再选砧木皮厚、光滑、纹顺的地方，在皮层内略带木质部处垂直切下 1.8~2.0cm 的切口，将接穗插入切口中，对准一边形成层，用塑料薄膜绑扎紧即可。

### （五）嫁接后的管理

水分管理，接后要保持苗畦土壤湿润，一般 7~10 天灌水一次，傍晚灌水，早晨排干。

施肥锄草，一般接后 15~20 天施肥，亩施尿素 30~35kg，选择小雨天或雨后施或灌水后施，以免烧苗。应勤中耕锄草，每次灌水后或雨后及时中耕，防止杂草与苗木争夺养分。

病虫防治，重点防治黑星病、黑斑病、梨蚜虫等病虫。一般每 15 天防治 1 次，并加 0.2%磷酸二氢钾、0.3%尿素和 0.2%硫酸钾结合进行根外追肥。

## 二、梨树土肥水管理技术

### （一）土壤管理

土壤深翻熟化是梨树增产技术中的基本措施，在秋季果实采收后到初冬落叶前进行。其方法有扩穴、全园深翻、隔行或间株深翻。深翻深度一般以 30~40cm 为宜。

### （二）施肥管理

施足基肥，在每年的秋季和早春及时开深 20~30cm 的放射状沟进行施肥，亩施优质粪肥 5 000kg、复合肥 100kg。

在梨树生长发育关键时期要根据需肥特性，及时追肥。每年在萌芽至开花前，为促进枝叶生长及花器发育，初结果树株施尿素 0.5kg，盛果期树株施 1~1.5kg，但树势旺时可不追肥。第 2 次于花后至新梢停长前追肥，促进新梢生长和叶片增大，提高坐果率及促进幼果发育。初结果树株施磷酸二铵 0.5kg，盛果期树株施 1kg。第 3 次于果实迅速膨大期追肥，株施 1~1.5kg 的三元复合肥或 1.5~2kg 的果树专用肥。

### （三）水分管理

梨树是需水量比较大的果树，在生长的关键时期如没有降雨，要及时灌溉。萌芽期至 5 月下旬，萌芽开花和新梢速长，80% 的叶面积要在此期形成；亮叶期至胚形成期（5—7 月中旬），此时是光合作用最强的时期（幼树和旺树应当适当控水）；果实膨大期至采收（7 月中旬至 9 月中旬），以促使果实膨大和花芽分化；采果后至落叶期（即 9 月中旬至 11 月），促进树体营养物质积累，提高花芽质量和增强越冬能力。即做好花前水、花后水、催果水和秋水的灌溉工作。

## 三、梨树花果管理技术

### （一）加强授粉

人工授粉，温度在 20~25℃，选择天气晴朗无风的条件下采集无病害、品质优的花粉，采后放置在阴凉干燥处保存，在开花后 3 天内完成。果园放蜂技术参考苹果园放蜂技术。

### （二）疏花疏果

花序伸出到初花期进行疏花，晚霜为害严重地区可以花，疏花量因品种、树势、水肥条件、授粉情况而定，旺树多留少疏，弱树弱枝多疏少留，先疏密集花和发育不良的花。落花后2周进行疏果，一般1个花序留1~2个果。第1次疏果主要摘除小果、病虫果、畸形果等。第2次疏果是在第1次疏果后的10~20天内进行。

### （三）果实套袋，提高果品质量

疏果后进行套袋，套袋前喷1次杀菌剂和杀虫剂，可选用70%代森锰锌可湿性粉剂800倍液或1∶2∶240的波尔多液，喷药后套袋前如遇雨水或露水，需重喷杀菌剂，套袋应在药液干后进行；采用双层内黑专用果袋套袋效果最好。

果袋的选择因品种而异，果实较大的品种如"翠冠"和"清香"等，可选用规格为16cm×21cm的果袋，果实较小的品种（250g以下）如"幸水"等，可选用规格为15cm×19cm的果袋。

一般选择果形好、果梗长、萼端紧闭的下垂边果进行套袋。套袋前一天，可将整捆果袋的袋口部分放在水中浸湿，以利于套袋操作和扎严袋口。套袋时取一只果袋，捻开袋口，一手托袋底，另一手撕去袋切口的纸片，并伸进袋内撑开果袋，再捏一下袋底的两角，使两个底角的通气孔张开，并使整只果袋鼓起呈球状。然后，一手执果柄，一手执果袋，从下往上把幼果套入果袋内，果柄置于袋中间的切口处，使果实位于袋体的中间。最后，将袋口折叠2~3折收拢，将有铁丝的那一折放在最外边，把铁丝横拉并折叠，固定在结果枝或骨干枝上。套袋顺序要掌握先上后下、先内后外的选择。

### 四、病虫害防治技术

梨树常见的病虫害有梨树黑星病、梨树锈病、梨树轮纹病、梨树黑斑病、梨木虱、梨小食心虫、康氏粉蚧等。

# 第三节　桃

### 一、桃树育苗技术

桃树一般选择嫁接育苗的方法，砧木一般选择毛桃、山桃等。

#### （一）砧木苗的培育

砧木种子一般在11月下旬进行沙藏处理100~110天，次年3月上旬催芽播种，播后覆盖地膜保温，确保4月上旬出苗，出苗后按15cm的株距进行间苗定苗，苗高40cm时摘心，当苗木地径达到0.5~0.6cm即可进行嫁接。

#### （二）嫁接技术

2月中旬至4月底，此时砧木水分已经上升，可在其距地面8~10cm处剪断，用切接法。5月初至8月上旬，此时树液流动旺盛，桃树发芽展叶，新生芽苞尚未饱满，是芽接的好时期。在砧木距地面10cm左右的朝阳面光滑处进行芽接。

#### （三）嫁接后的管理

检查成活与补接。嫁接两周后接口部位明显出现臃肿，并分泌出一些胶体，接芽眼呈碧绿状，就表明已经接活。若发现没有嫁接成活，可迅速进行二次嫁接。

剪砧。一般在嫁接成活后2~3天，在接口上部0.5cm处向外剪除砧干，剪口呈马蹄形，以利伤口快速愈合。

支撑防倒伏。新梢长到 6cm 左右时，在砧木贴边插支撑柱，缚好新梢，引导向上方向生长。

水肥管理。结合浇水，苗木生长前期追施氮肥，后期追施复合肥，每隔 15～20 天进行 1 次叶面喷肥，前期喷 0.3% 的尿素，后期（8 月中旬以后）喷 0.3% 的磷酸二氢钾，也可喷微量元素等其他促进苗木生长的生长素类物质，以加快苗木生长。同时搞好病虫防治，使苗木在落叶期达到 0.8～1m 的高度。

## 二、桃树土肥水管理技术

### （一）土壤管理

深翻改土。每年果实采收后至落叶前结合施用有机肥，对桃园深翻改土以利根系正常生长，深度 10～25cm，并按照内浅外深的原则进行。

中耕除草。桃园全年中耕除草 2～4 次。在春季萌芽前结合灌水、追肥全园中耕松土，以 8～10cm 为宜，促进深层土温升高，以利根系生长活动；硬核期宜浅耕，以 5cm 为宜；采果后干旱季节结合浇水浅耕松土，清除杂草，有利于保水和增加土壤温度，并可减少病虫害，深度 5～10cm。

间作绿肥增加土壤肥力。在 1～5 年生未封行的幼龄桃园间作绿肥。间作时应留出树盘加强管理，以利桃树生长。

### （二）施肥管理

重施基肥。一般在 9 月中旬以前施用，以保证秋根及时恢复生长，促进养分的吸收和贮藏。为节约用肥并提高肥效，可穴施，每株 2 穴，分年改变穴位，逐步改土养根。穴施肥后应立即浇透水。一般每亩施用有机肥 2 500～3 000kg。

及时追肥。栽后第一年是长树成形的关键，淡肥勤施，

3—6月，每半月施肥 1 次。栽后次年及结果以后，每年施肥 3~5 次。萌芽前追肥，在萌芽前 1~2 周进行，以速效氮肥为主，每株施尿素 0.2~0.5kg 或复合肥 1kg。花后肥落花后施入，以速效氮为主，配以磷钾肥。施肥量同第一次。壮果肥，在果实开始硬核期时施入，以钾肥为主，配以氮磷肥。催果肥，果实成熟，15~20 天施入，氮钾结合，促进果实膨大，提高果实品质。采后肥，果实采后结合施基肥进行。

### （三）水分管理

桃虽然抗旱，但要想达到高产，必须有充足的水分供应，北方地区多春旱，应在萌芽前适时灌水，要充分灌透，花期不宜灌水，否则会引起落花落果，硬核期是桃树需水临界期，缺水或水分过多，均易引起落果，所以定果后要及时适量灌水，每次施肥后都应灌透水，入冬前还要灌一次封冻水以提高树体的抗寒能力。桃树怕涝，地面连续积水两昼夜便可造成落叶，甚至死亡。

雨过多、灌水过量易造成枝叶徒长，组织不充实，花芽质量差，也容易引起裂果和根腐病、冠腐病等，因此，应注意及时排水。

## 三、桃树花果管理技术

### （一）疏花疏果

疏蕾疏花，对花芽多而坐果率高的品种，大久保、京玉等疏蕾疏花效果较好。留量要比计划多出 20%~30%；疏果一般是在第二期落果后，坐果相对稳定时开始进行，在硬核开始时完成，疏果先疏除小果、双果、缝合线两侧不对称的畸形果、病虫果，一般长果枝留果 3~4 个，中果枝 2~3 个，短果枝 1~2 个。

### （二）果实套袋

套袋时期应在定果后或生理落果后，在为害果实的主要病虫害发生之前进行，时间在 5 月中下旬至 6 月初。鲜食品种应在采前 10~15 天撕袋，以促进均匀着色。罐藏品种采前不必撕袋。

## 四、病虫害防治技术

桃树主要病虫害有桃褐腐病、细菌性穿孔病、桃炭疽病、桃缩叶病、桃疮痂病、桃流胶病、桃潜叶蛾、桃蛀螟、桃小食心虫、梨小食心虫、桃红颈天牛和朝鲜球坚蚧等。

# 第四节　樱　桃

## 一、休眠期修剪

大樱桃常用树形大致可分为小冠疏层形、自然开心形、纺锤形、圆柱形、"V"形等。大樱桃不耐寒，休眠期修剪的最佳时期是早春萌芽前，若修剪过早，伤口流水干枯，春季容易流胶，影响新梢的生长。休眠期修剪常用的方法有短截、甩放、回缩、疏枝等。休眠期修剪宜轻不宜重，除对各级骨干枝进行轻短截外，其他枝多行缓放，待结果转弱之后，再及时回缩复壮。疏枝多用于除去病枝、断枝、枯枝等。在具体操作时，要综合考虑品种的生物学特性、树龄、树势、栽植密度和栽植方式等因素。

### （一）幼树期修剪

幼树期要根据树形的要求选配各级骨干枝。中心干剪留长度 50cm 左右，主枝剪留长度 40~50cm，侧枝短于主枝，纺锤形留 50cm 短截或缓放。注意骨干枝的平衡与主次关系。严格防止上强，用撑枝、拉枝等方法调整骨干枝的角度。树冠中其他枝条，斜生、中庸的可行缓放或轻短截，旺枝、竞争枝可视情况疏除或进行重短截。

**（二）初果期树修剪**

除继续完成整形外，初果期还要注意结果枝组的培养。树形基本完成时，要注意控制骨干枝先端旺长，适当缩剪或疏除辅养枝，对结果部位外移较快的疏散型枝组和单轴延伸的枝组，在其分枝处适当轻回缩，更新复壮。

**（三）盛果期树修剪**

盛果期树休眠期修剪主要是调整树体结构，改善冠内通风透光条件，维持和复壮骨干枝长势及结果枝组生长结果能力。一是骨干枝和枝组带头枝，在其基部腋花芽以上的 2~3 个叶芽处短截；二是经常在骨干枝先端 2~3 年生枝段进行轻回缩，促使花束状果枝向中长枝转化，复壮势力。对结果多年的结果枝组，也要在枝组先端的 2~3 年生枝段缩剪，复壮枝组的生长结果能力。

**（四）衰老期修剪**

盛果后期骨干枝开始衰弱时，及时在其中后部缩剪至强壮分枝处。进入衰老期，骨干枝要根据情况在 2~3 年内分批缩剪更新。

不同的樱桃品种，修剪上的主要差异是在结果枝类型上。以短果枝结果为主的品种，中长果枝结果较少，此类品种以那翁为代表，在修剪上应采取有利于短果枝发育的甩放修剪，增加短枝数量。树势较弱时，适当回缩，使短果枝抽生发育枝。短果枝结果比例较少的品种，如大紫，为促进中长果枝的发育，应有截有放，放缩结合。如果不进行短截，中长果枝会明显减少。

## 二、修剪

### （一）刻芽

萌芽前，在侧芽以上 0.2~0.3cm 处刻芽，深度达木质部，促进下位芽萌发。研究表明，刻芽比不刻芽长枝数减少26.8%，花束状果枝数增加 21.6%；刻芽配合拉枝长枝数减少36.7%，花束状果枝数增加 30.6%。

### （二）除萌、抹芽

对疏枝后产生的隐芽枝、徒长枝以及有碍各级骨干枝生长的过密萌枝，应及时除去。对于背上萌发的直立生长的芽、内向萌芽等有碍各级主枝生长的过多萌芽，以及树干基部萌发的砧木芽，都应在萌芽期及时抹去。

### （三）拉枝

在树液流动以后进行，以春夏季为好，可用绳、铁丝等拉枝，拉枝角度在 70°~120°。主干形幼树，主干上发出的新梢长至 5~10cm 时，用牙签、小衣夹等将新梢开角。开角一定要早，过晚效果不好。

### （四）花前复剪

在开花前进行复剪，可对延长枝留芽方向、枝组长度以及花芽数量进行调整。对花量大的树及时进行复剪，可调整花叶芽比例，疏掉过密过弱花、畸形花。

另外，通过捋枝、拧枝、拉枝等方式，可培养芽眼饱满、枝条充实、缓势生长的发育枝，为次年形成优质叶丛花枝打好基础。

### （五）提高坐果率

大樱桃多数品种自花结实率很低，需要异花授粉才可正常结果。大樱桃开花较早，花期常遇低温、霜冻等不良天气，对樱桃的当年产量影响很大。通过人工辅助授粉和昆虫授粉对提高樱桃授粉坐果率十分有效。樱桃柱头接受花粉的时间只有4~5天，因此人工授粉愈早愈好，在花开20%~30%即开始授粉，3~4天完成授粉。

花期叶面喷施0.3%尿素+0.2%硼砂+600倍磷酸二氢钾，以满足开花期间的营养需要和促进花粉管的伸长，提高坐果率。此外，大樱桃初花期喷施30mg/L $GA_3$+20mg/L 6-BA+10mg/L PCPA（对苯氧乙酸钠盐），坐果率比自然坐果率高出28.1%。

**（六）疏化疏果**

（1）疏花芽。大樱桃进入盛果期后，花束状结果枝数量剧增，营养枝减少，如果结果过多就会造成树势偏弱，而樱桃树一旦树势变弱很难恢复。一般的成年樱桃树，有25%~40%的花授粉受精即可保证当年的产量。疏花芽于冬剪时完成，通过疏花芽可完成大部分的疏花疏果任务量。在花芽发育差的情况下，冬剪时可多留一些花芽，花芽质量好时则少留些，以免造成养分浪费过大。一般疏除发育不良、芽体瘦小、不饱满的花芽，每个花束状果枝可保留3~4个生长健康饱满的花芽。

（2）疏花。疏花蕾一般在开花前进行，主要是疏除细弱果枝上的小花和畸形花。每花束状果枝上保留4~5个饱满花蕾，短果枝留8~10个花蕾。

疏花时期以花序伸出到初花时为宜，越早越好。如树势强、花量大、花期条件好、坐果可靠，可先疏蕾和疏花，最后定果；反之，少疏或不疏花，而在坐果后尽早疏果。疏花时要先疏晚花、弱花，要疏弱留壮，疏长（中长果枝的花）留短（短果枝花），疏腋花芽花留顶花芽花，疏密留稀，疏外留内，疏下留上，以果控冠。

（3）疏果。疏果时期在生理落果后，一般在谢花 1 周后开始，并在 3~4 天完成。幼果在授粉后 10 天左右才能判定是否真正坐果。为了避免养分消耗，促进果实生长发育，疏果时间越早越好。一个花束状果枝留 3~4 个果实。叶片不足 5 片的弱花束状果枝不宜留果。疏果要疏除小果、双子果、畸形果和细弱枝上过多的果实，留果个大、果形正、发育好、无病虫为害的幼果。

### 三、病虫害的防治

萌芽前，喷 3°~5°Bé 石硫合剂，可兼防病和虫，对介壳虫、吉丁虫、天牛、落叶病、干腐病等均有较好的防治效果。介壳虫严重的果园还可用含油量 5%的柴油乳剂进行防治。

对金龟子发生较重的果园，可利用其假死性，早晚用震落法捕杀成虫。也可利用其有趋光性，用黑光灯诱杀。药剂防治参照其他果树的防治方法。

细菌性穿孔病的防治。控制施氮，增强树势，提高树体的抗病能力是其防治的关键。药剂防治参照桃树的防治方法。

果实腐烂病的防治。可于地面施用熟石灰 68kg/亩。化学防治方法参照其他果树。

## 第五节　猕猴桃

### 一、生产技术

#### （一）生产技术

当植株有 15%以上雌花开放时，在猕猴桃园每亩设置蜂箱 1~2 个。并配合人工辅助授粉。具体采用两种方法：一是将雄花采集到器皿中，花粉散开后，用毛笔将花粉涂到雌花柱头上;二是将刚开放的雄花摘下对准雌花花柱轻轻转动,一朵雄花可授 5~8 朵雌花。也可将花粉用滑石粉稀释成 20~50 倍,用电动喷粉器喷粉。并在花蕾期或盛花期施硼酸或硼砂。为提高产量和果实品质,应进行疏花疏果。疏花蕾一般在侧花蕾分离后 2 周开始,强壮长果枝留 5~6 个花蕾,中庸果枝留 3~4 个花蕾,短果枝疏花疏果留 1 个花蕾。要求疏除时保留主花而疏除侧花,全树留花量应比预留的果数多 20%~30%。疏果在坐果后 1~2 周内完成。一般短缩果枝上的果均应疏去,中长果枝留 2~3 个果,短果枝留 1 个果或不留;徒长性结果枝上 4~5 个果;同一枝上,中上部果多留,尽量疏去基部果。使其叶果比达到(5~6):1。

**(二)适时采收与催熟**

根据果品用途确定采收时期,就是在猕猴桃的不同成熟期进行采收。中华猕猴桃供贮藏用的果品应在果实达到可采成熟度时采收。具体标准是可溶性固形物含量达到 6.1%~7.5%;用于短期贮藏的猕猴桃可在可溶性固形物含量达到 9%~12% 的食用成熟度时采收;若采收后及时出售,要求可溶性固形物含量达到 12%~18%,就是猕猴桃的生理成熟度时采收。采收时采用人工采摘,轻摘轻放,从果梗离层处折断,放入布袋或篮子内,再集中放到大筐或木箱中。筐或箱内垫上草或塑料膜。为及时供应市场,可采用乙烯催熟,其方法有二:一是采前树体喷布,浓度是 50mg/L;二是采后果实喷布,可用 400 倍液,常温下 12 天之后果实全部变软;三是贮藏前处理果实,先用 500 倍液浸果数分钟,晾干后在进行分级、包装和贮藏。

**二、病虫害的防治**

猕猴桃病虫害主要有溃疡病、猕猴桃根线虫病、金龟子、白粉虱、小叶蝉等。具体防治方法是:休眠期彻底清园。萌芽前全园喷1次3°~5°Be石硫合剂，杀死越冬病虫卵，防治多种病虫害。萌芽和新梢生长期，采用黑光灯、糖醋液等诱杀金龟子等害虫。喷施50%马拉硫磷乳油1 000倍液或20%甲氰菊酯乳油2 000~3 000倍液防治介壳虫、金龟子、白粉虱、小叶蝉等害虫。萌芽至开花期喷农用链霉素防治花腐病。交替喷布80%代森锰锌可湿性粉剂600~800倍液、1%等量式波尔多液、70%甲基硫菌灵可湿性粉剂1 000~1 500倍液，以防治溃疡病、干枯病、花腐病、褐斑病、白粉病、叶枯病、软腐病、炭疽病等病害。开花期仍采用黑光灯、糖醋液等诱杀防治金龟子等。在花前、花后喷布20%甲氰菊酯乳油2 000~3 000倍液，或5%吡虫啉乳油2 000~3 000倍液等防治金龟子、白粉虱、小叶蝉、木盘蛾等虫害。并及时人工摘除有病梢、叶、果，并于花前、花后交替喷布70%甲基硫菌灵可湿性粉剂1 000~1 500倍液、1%等量式波尔多液、50%胂·锌·福美双可湿性粉剂800倍液等，防治花腐病、黑星病、黑斑病等病害。果实发育期喷布20%甲氰菊酯乳油2 000~3 000倍液，或5%吡虫啉乳油2 000~3 000倍液，1.8%阿维菌素乳油3 000~5 000倍液防治金龟子、蛾、蛸等害虫；及时套袋，人工摘除病梢、叶、果，并喷布70%甲基硫菌灵可湿性粉剂1 000~1 500倍液，或50%胂·锌·福美双可湿性粉剂800倍液等防治花腐病、黑星病、褐斑病等病害。果实成熟及落叶期喷布5%吡虫啉乳油2 000~3 000倍液，1.8%阿维菌素乳油3 000~5 000倍液等防治蛾、螨等虫害；1%等量式波尔多液或50%胂·锌·福美双可湿性粉剂800倍液防治溃疡病、花腐病等病害。

# 第六节　柑　橘

## 一、嫁接育苗

### （一）常用砧木品种

有枳、红橘、香橙、酸橙、甜橙和酸柚等。

### （二）常用嫁接方法

春季采用单芽切接或小芽腹接法；秋季采用单芽枝腹接、嫁接成活率较高。

## 二、建园种植

### （一）整理

（1）园地选择。选水源充足又无山洪冲刷或积水的丘陵山地，坡度应在 25℃ 以下，土层深厚、心土结构松软、易透水、透气的沙土壤为佳。若土壤理化性状较差应进行改土。

（2）因地制宜。划分小区，并合理设计园间道路，作业道及排洪系统，防护林的营造，建筑物的安排等进行科学配置规划。

（3）修筑梯田。为保持水土，同时便于管理操作，必须修筑等高水平梯田。梯田的宽度应根据山坡度而定，如20°~25°的台面宽应在 3.5~4m，坡度越小，台面越宽。

### （二）定植

（1）选苗木。要选经过嫁接的一年生良种壮苗，并尽可能带土移植，适当修剪过多的树冠枝条。

（2）挖定植穴。在定植前 3 个月挖定植穴、深宽 0.8m×0.6m，每穴 50~100kg 或其他禽畜粪，杂草青料并加 0.5~1kg

石灰，与心土拌匀后回填入穴；为防下沉，回填土应比土面高10~20cm。

（3）适时定植。定植最适时期为春季2—3月春梢尚未抽发之时。灌水方便的果园，也可在晚秋定植，有利于次年早发。柑橘栽植株行距离依种类品种（系）、砧木、地势、土壤及气候等不同而异。柚类最宽，甜橙次之，宽皮柑橘、柠檬较窄，佛手、金橘最窄。一般丘陵山地土壤瘠薄宜窄，冲积地、平坝地要宽。根据各地栽培经验，各种相橘每亩栽植株数大约如下：柚子30~40株（行株距4m×4m或5m×4m），宽皮柑橘、甜橙40~60株（行株距4m×4m或3m×4m），柠檬60~80株（行株距3m×4m）。

（4）定植方法。在准备好的定植穴开深以5~10cm的定植穴，放入苗后覆土、松紧适度，勿过紧过松。苗木不能直接栽在肥料上，避免根系与肥接触而"烧"根。

（5）定植后管理。定植后灌足定根水，并立支架以防大风摇动，影响成活并做好树盘覆盖，以保湿。定植后20~30天恢复生长，每半个月施稀薄的腐熟人粪尿一次，以促生长，并经常防治病虫害，统一放梢，培养良好树冠。

### 三、幼龄树管理

#### （一）整形修剪

（1）苗木剪顶定干方法。在夏季新梢老熟后，离地面20~25cm处剪顶使其分生主枝；培养矮干多分枝苗木。

（2）抹芽控梢方法。在剪顶后新梢萌芽时开始抹除零星早发的新梢，至每株有5~6芽梢时停止抹芽，待新梢长至5~8cm时选留生长健壮，分布均匀的新梢3~4个作为主枝，其余都抹掉，主枝长过18cm时短截，让其发新梢，以后依次类推，逐渐培养成圆头形丰产树冠。

**（二）土壤管理**

（1）进行深翻，扩穴。增施有机肥料，如垃圾、作物秸秆及禽畜粪等；幼龄期于行间套种豆科等绿肥作物，并在适当时期将绿肥、秸秆开沟压埋。加快土壤熟化进程，创造有利柑橘生长的水、肥、气、热条件。

（2）树盘。除用绿肥外，还可用作物秸秆、树叶等材料覆盖树盘，可起到保湿、稳定地温、增加有机质等作用。

**（三）水肥管理**

（1）灌水。南方秋冬易发生干旱。当田间持水量的50%以下时便需灌水，可以采取沟灌浸润或全园漫灌或树盘灌水等方法。有条件可建喷灌设施，既节水又增效。

（2）施肥。幼龄树以促进生长扩大树冠为目标，应以氮肥为主，并以少量多次为好。1~3年生的施肥量，年均每株每年可施纯氮 0.2~0.5kg，从少到多逐步提高。施用时间可掌握在每次梢抽发之前。

## 四、结果树管理

**（一）树体修剪**

春、夏、秋三季都可以进行修剪。常用的修剪方法有短截、疏剪、缩剪、抹芽放梢、疏芽疏梢、拉线整形、摘心、环割环剥、疏花疏果等。具体要求如下所述。

（1）根据生长结果习性进行修剪。一般树势强，直立的品种，多在树冠上部外围结果，故除修剪内部过密的细弱枝外，树冠外围的枝条应少剪；树势稍弱，树冠内外枝条均可结果的品种（如美国脐橙），以短果枝结果较高，故修剪宜轻，一般以短截为主，以促发较多粗壮短枝（结果母枝）。

（2）按不同枝梢生长结果特性修剪。春梢：生长好的可成为翌年结果母枝或夏秋梢基枝。故修剪应去弱留强，去密留匀。

夏梢：徒长性较强，扰乱树型，且抽发太多会加重生理落果，故应抹除或长至 15~20cm 时短截，使之抽生 2~3 枝秋梢成为结果母枝。

秋梢：生长充实，成为结果母枝百分率高，故不加修剪，但过密者应疏除一部分。

冬梢：生长不充实徒耗养分，应及早抹除。

（3）根据植株树势和结果情况采取不同修剪法。对生长正常的稳产树，修剪程度要轻，仅剪除病虫害枝，交叉荫蔽枝，适当控制夏秋梢数量。大龄树，因其结果多，夏秋梢抽生少，则修剪宜轻，以删除为主结合短截的方法。培养生长良好的春夏秋梢成为翌年结果母枝。对小龄树，由于结果少树势强，各次梢都较粗壮，故修剪应较重，采用短截结合疏删，减少次年的花量，为下一年丰产打下基础。

**（二）水肥管理**

（1）以有机肥为主，化肥为辅。其比例以 3：1 为适当。要根据柑橘生长结果的需要和各种肥料的性质，合理搭配使用。一般柑橘对氮磷钾三要素需要量的比例为 1：0.5：0.7。此外还应补充缺乏的微量元素。

（2）施肥时期和施肥量。成年结果树栽培目的在于促进多抽梢，多结果，并保持梢果平衡，达到丰产优质。施肥主要抓 4 个时期。

①春芽萌发期施用促梢壮花肥，以氮为主，配合磷、钾，施用量占全年 20%，具体是每亩人粪尿 1 500kg，尿素 7.5kg。

②幼果生长期施保果肥，以氮为主，配合磷肥，占全年施肥量 10%。

③秋梢期施壮梢壮果肥。以速效与迟效肥结合，即每亩施

优质人粪尿 1 500~2 000kg，加腐熟饼肥 50kg，加尿素 10kg。肥量占全年 35%，在新梢自剪后，根外追肥二次。

④采果前后施基肥，仍以速效与迟效肥结合，肥量占全年 35%。以厩肥计算，每亩施 3 000~4 000kg，并结合施石灰 50~100kg。

（3）采收。柑橘宜适期采收，否则，不仅影响当年产量，果实的品质、耐性及抗病性，也影响树势恢复、花芽分化和翌年的产量。

## 五、病虫害防治技术

（1）柑橘溃疡病。溃疡病是比较严重的病害，会导致柑橘落叶、枯梢及生长衰退、落果等。

防治措施：使用铜氨合剂、拌种双等农药进行防治；完善果园设备；合理施肥，从根本上除掉病害。

（2）柑橘疮痂病。柑橘疮痂病会使果实品质下降、树梢发育不良等。

防治措施：选取甲基硫菌灵、50%腈·锌·福美双可湿性粉剂等防治药剂；选用抗病品种；彻底清园，深埋或烧毁病枝、病叶；初春时节修剪病害枝叶，阻断病菌侵染源头。

（3）柑橘炭疽病。炭疽病发病严重时会导致柑橘整株枯亡。

防治措施：使用混合多菌灵与溴菌腈防治，就不会产生耐药性，又能取得较好的防治效果。

（4）螨虫。导致柑橘提前落果、落叶，影响柑橘生长、产量。

防治措施：提前准备预测、预报工作；使用农药如噻螨酮等进行防治；引入蜘蛛、食螨瓢虫等天敌来消灭螨虫。

（5）蚜虫。咬食嫩芽，导致柑橘出现烟霉病。

防治措施：利用蚜虫天敌瓢虫减轻灾害；选取吡虫啉等药剂也可以有效控制。

# 第七节　草　莓

## 一、育苗

草莓育苗方法有匍匐茎分株、新茎分株、播种、组织培养等法，目前生产上主要以匍匐茎苗进行繁殖。匍匐茎分株繁殖草莓，生产上常有两种方式：一是利用结果后的植株作母株繁殖种苗：当生产田果实采收后，就地任其发生匍匐茎，形成匍匐茎苗，秋季选留较好的匍匐茎苗定植。该法产生的茎苗弱而不整齐，直接影响次年产量，一般减产30%以上。二是以专用母株繁殖秧苗，就是母株不结果，专门用以繁殖苗木。此法可以培育壮苗，可在生产上大面积推广。具体技术如下。

### （一）繁殖田准备

繁殖田选择疏松，有机质含量1%以上的土壤，排灌方便的地块。定植前整地作哇，每亩施充分腐熟农家肥4~5t，尿素15kg，耕翻、耙平、清除杂草，做成平畦或高畦，畦宽1m。

### （二）母株选择和定植

母株选择品种纯正，植株健壮，根系发育良好，无病虫害的植株。9月上中旬定植。在每畦中部定植1行，株距30~40cm。根据品种抽生匍匐茎的能力，抽生强适当稀些，抽生弱的适当密些。栽植时植株根系自然舒展。培土程度为土覆平后既不埋心又不露根为宜。

### （三）繁殖田的管理

母株越冬后早春抽生花序，及时彻底摘除。匍匐茎抽生时期，加强土、肥、水管理。土壤保持湿润、疏松，每亩适当追氮磷钾三元复合肥 10kg，施肥后及时灌水，松土除草。在 6 月匍匐茎大量发生时期，经常使匍匐茎合理分布，进行压土。干旱时选早晨或傍晚每周灌水 1 次。7—8 月匍匐茎旺盛生长期，在匍匐茎爬满畦面出现拥挤时，及时间苗、摘心。8 月底形成的茎苗可在 8 月上中旬各喷 1 次 2 000mg/kg 矮壮素。匍匐茎抽生差的品种喷洒植物赤霉素（GA$_3$）50mg/L。四季草莓品种在 6 月上中下旬和 7 月上旬各喷 1 次 50mg/kg 的 GA$_3$，每株喷 5ml，结合摘除花序，效果明显。

### （四）茎苗假植及管理

茎苗假植时间在 8 月下旬至 9 月上旬。假植地块要求排灌水方便，土壤疏松肥沃。在整地作畦时撒施足量的腐熟有机肥及适量的复合肥。在假植苗起出前 1 天对母株田浇水。茎苗起出后，立即将根系浸泡在 70% 甲基硫菌灵可湿性粉剂 300 倍液或 50% 多菌灵液 500 倍液中 1h。假植株行距（12~15）cm×（15~18）cm。假植时根系垂直向下，不弯曲，不埋心，假植后浇水。晴天中午遮阴，晚上揭开。1 周内早晚浇水，成活后追 1 次肥，9 月中旬追施第 2 次肥，追施氮磷钾三元复合肥 12~15g/m$^2$。经常去除老叶、病叶和匍匐茎，保留 4~5 片叶。假植 1 个月后，控水促进花芽分化。

## 二、建园

草莓园地选择地势较高、地面平坦、土质疏松、土壤肥沃、酸碱适宜、排灌方便、通风良好的地点。坡地坡度不超过 2°~4°，坡向以南坡和东南坡为好。前茬作物为番茄、马铃薯、茄子、黄瓜、西瓜、棉花等地块，严格进行土壤消毒。大面积发展草莓，还应考虑到交通、消费、贮藏和加工等方面的条件。栽植草莓前彻底清除园地杂草，有条件地方采用除草剂或耕翻土壤，彻底消灭杂草。连作草莓或土壤中有线虫、蛴螬等地下害虫的地块，栽植前进行土壤消毒或喷农药，消灭害虫。连作或周年结果的四季草莓，一般每亩施用腐熟的优质农家肥 5 000kg+过磷酸钙 50kg+氯化钾 50kg，或加 N、P、K 三元复合肥 50kg。土壤缺素的园块，可补充相应的微肥或直接施用多元复合肥。全园均匀地撒施肥料后，彻底耕翻土壤，使土肥混匀。耕翻深度 30cm 左右，耕翻土壤整平、耙细、沉实。土壤整平、沉实后，按定植要求做畦打垄。北方常采用平畦栽培，畦宽 1.0~1.2m，长 10~15m，畦埂宽 20~30cm，埂高 10~15cm。采用高畦栽培根据当地情况。一般畦宽 1.2~1.5m，高 15~20cm，畦间距 25~30cm。在北方地区有灌溉条件可起垄栽培：垄宽 50cm，高 15~20cm，垄距 120cm（大果四季草莓垄可再宽些）。该形式更适合地膜覆盖，还可减少果实污染和病虫害的发生。栽植前大小苗分开，分别栽植管理。栽苗时应注意栽植方向，一季草莓要求每株草莓伸出的花序均在同一方向，栽苗时应将新茎的弓背朝预定的同一方向栽植。垄栽时让花序向外，即苗的弓背向外。平畦栽时新茎弓背向里。四季草莓赛娃、美得莱特的新茎，栽植时不考虑方向问题。

## 三、土肥水管理

草莓栽植成活后和早春撤除防寒物及清扫后，及时覆膜；而不覆膜栽植草莓，要多次进行浅中耕 3~4cm，以不损伤根系为宜。但在草莓开花结果期不中耕。采果后，中耕结合追肥、培土进行，中耕深 8cm。而四季草莓则少耕或免耕，最好采取覆膜的办法。草莓园田间可采用人工除草、覆膜压草、轮作换茬等综合措施进行。为减少用工，以除草剂除草为主。草莓移栽前 1 周，将土壤耙平后，每亩用 48%氟乐灵乳油 100~

125ml+水 35kg，均匀喷雾于土表，随机用机械或钉耙耙土，耙土要均匀，深 1~3cm，使药液与土壤充分混合。一般喷药到耙土时间不超过 6h。氟乐灵特别适合地膜覆盖栽培，一般用药 1 次基本能控制整个生长期的杂草。或者每亩用 50%草萘胺（大惠利）可湿性粉剂 100~200g+水 30kg 左右，均匀喷雾于土表。

## 四、植株管理

草莓必须及早摘除匍匐茎。摘除匍匐茎比不摘除增产 40%。草莓一般只保留 1~4 级花序上的果，其余及早疏除，每株留 10~15 个果。为提高果实品质，在花后 2~3 周内，在草莓株丛间铺草，垫在花序下面，或者用切成 15cm 左右的草秸围成草圈垫在果实下面。适时摘除水平着生并已变黄的叶片，以改善通风透光条件，减轻病虫发生。

## 五、果实采收

多数草莓品种开花后 1 个月左右分批不间断采收。果实成熟时，其底色由绿变白，果面 2/3 变红或全面变红，果实开始变软并散发出诱人香气。当地销售在九至十成熟时采收，外地销售达到八成熟时采收。具体采收在早晨露水干后至大热之前进行，注意轻摘、轻拿、轻放，严防机械损伤。

## 六、防治病虫害

草莓病虫害主要有灰霉病、炭疽病、病毒病、根腐病、芽枯病、叶枯病、蛇眼病；蚜虫、叶螨、蛴螬、叶甲、斜纹夜蛾等。其防治技术是采用以农业防治为主的综合防治措施，即选用抗病品种，培育健壮秧苗。具体措施：一是利用花药组培等技术培育无病毒母株，同时 2~3 年换 1 次种；二是从无病地引苗，并在无病地育苗；三是按照各种类型的秧苗标准，落实好培育措施，并注意苗期病虫害防治。加强草莓栽培管理，可有效抑制病虫害的发生，具体措施有：施足优质基肥，促进草莓健壮生育；采用高畦栽植，改善通风透光条件；掌握合理密植，降低草莓株间湿度；进行地膜覆盖，避免果实接触土壤；防止高温多湿，创造良好生长环境；使植株保持健壮，提高植株抗病能力；搞好园地卫生，消灭病菌侵染来源。日光照射土壤消毒，对防治草莓黄萎病、芽枯病及线虫等，具有较好效果。重视轮作换茬，一般种植草莓两年以后要与禾本科作物轮作。合理使用农药：重点在开花前防治，每隔 7~10 天用药 1 次，连续 3~4 次，直到开花期。要合理选用高效低毒低残留药剂适时防治。

在病虫害发生初期彻底防治以红蜘蛛和白粉病、灰霉病为主的病虫害；果实采收开始后尽量减少施用农药；春季温度回升后，注意红蜘蛛、花蓟马等害虫的为害，及时喷药防治。

# 第八节　李、杏

## 一、休眠期修剪

### （一）李、杏树初果期修剪

李、杏初果期树长势很旺，生长量大，生长期长。此期的修剪任务主要是尽快扩大树冠，培养全树固定骨架，形成大量的结果枝，为进入结果盛期获得丰产做好准备。李树休眠期修剪以轻剪缓放为主，疏除少量影响骨干枝生长的枝条，对于骨干枝适度轻截，促进分枝，以便培养侧枝和枝组，扩冠生长。李子树一般延长枝先端发出 2~3 个发育枝或长果枝，以下则为短枝、短果枝和花束状果枝；直立枝和斜生枝多而壮，有适当的外芽枝可换头开张角度。

杏树休眠期修剪任务主要是短截主、侧枝的延长枝，一般剪去 1 年生枝的 1/4~1/3 为宜。少疏枝条，多用拉枝、缓放方法促生结果枝，待大量结果枝形成后再分期回缩，培养成结果枝组，修剪量宜轻不宜重。在核果类果树中，杏萌芽率和成枝率较低。一般剪口下仅能抽生 1~2 个长枝，3~7 个中短枝，萌芽率在 30%~70%，成枝率在 15%~60%。杏幼树生长强壮，发育枝长可达 2m，直立，不易抽生副梢，多呈单枝延长。发育枝短截过重，易发粗枝，造成生长势过旺，无效生长量过大；短截过轻，剪留枝下部芽不易萌发，会形成下部光秃现象。因此，杏初果期树的延长枝短截应以夏剪为主，通过生长期人工摘心或剪截可促发副梢，加快成形。

### （二）李、杏树盛果期修剪

盛果期的李树，因结果量逐年增加，枝条生长量逐年减少，树势已趋稳定，修剪的目的是平衡树势，复壮枝组，延长结果年限。盛果期骨干枝修剪要放缩结合，维持生长势。上层和外围枝疏、放、缩结合。加大外围枝间距，以保持在 40~50cm 为宜。对树冠内枝组疏弱留强，去老留新，并分批回缩复壮。

盛果期杏树产量逐年上升，树势中等，生长势逐渐减弱。修剪的主要任务是调整生长与结果的关系，平衡树势，防止大小年的发生，延长盛果期的年限，实现高产、稳产、优质。主要任务有：延长枝剪去 1/3~1/2，疏除部分花束状结果枝。对生长势减弱的枝组回缩到抬头枝处，恢复生长势，改善光照条件。骨干枝衰老后，可按照粗枝长留，细枝短留原则，剪留 1/3~1/2。此期的杏树，树冠内包括徒长枝在内的新梢，几乎都能着生花芽而成为结果枝，花量大，修剪时应根据预期产量、败育花率、坐果率、单果重等，在留足花芽的前提下，通过疏截过多的果枝，控制留花量，以减少养分浪费。

## 二、土肥水管理

### （一）土壤管理

李树、杏树定植后 3~4 年、树冠尚未覆盖全园时，可以间作一年生豆科作物、蔬菜、草莓、块根与块茎作物、药用植物等矮秆作物。成龄园多进行覆盖或种植绿肥及生草。覆盖有机物后，使表层土壤的温度变化减小，早春上升缓慢且偏低，有利于推迟花期，避免李、杏遭受晚霜为害。

### （二）追肥

李树、杏树追肥时期为萌芽前后、果实硬核期、果实迅速膨大期和采收后，后两次可合为一次。生长前期以氮肥为主，生长中后期以磷钾肥为主。氮磷钾比例为 1∶0.5∶1，土壤及品种不同，比例有所差异。追肥量可按每亩施尿素 25~30kg、钾肥 20~30kg、磷肥 40~60kg 的量，分次进行。

除土壤追肥外，也可进行叶面喷施。如萌芽前结合喷药喷施 3%~5% 的尿素水溶液，可迅速被树体吸收。谢花 2/3 后叶面喷 0.3% 磷酸二氢钾+0.2% 硼砂，对花粉萌发和花粉管生长具有显著的促进作用。

### （三）灌水

我国李、杏栽培区多干旱，冬春旱尤为严重，对萌芽、开花、坐果极为不利。为了果园丰产、优质，早春李园、杏园必须及时灌水。春季花前灌水会使花芽充实饱满，为充分授粉和提高坐果率打好基础。早春灌水量不宜过大，以水渗透根系集中分布层，保持土壤最大持水量的 70%~80% 为宜。花前灌水可结合追肥同时进行。树盘漫灌费水，沟灌、穴灌、喷灌、滴灌相对节水，可酌情采用。

### 三、疏花疏果

李树、杏树花量大，坐果多，往往结果超载。适当疏花疏果可以提高坐果率，增大果个，提高质量，维持树势健壮。疏花越早越好，一般在初花期就要疏花。疏花时先疏去枝基部花，留枝中部花。强树壮枝多留花，弱树弱枝少留花。

#### （一）李树疏果

在花后 15~20 天进行，但早期生理落果严重的品种，应在花后 25~30 天，确认已经坐住果后进行。一般进行两次，第一次先疏掉各类不良果和过于密集的果，10 天以后进行定果。生产上可根据果实大小、果枝类型和距离留果。小型果品种，一般花束状果枝和短果枝留 1~2 个果，果实间距 4~5cm；中型果品种每个短果枝留 1 个果，果实间距 6~8cm；大型果品种，每个短果枝留 1 个果，果实间距 10~15cm。中果枝留 3~4 个果，长果枝留 5~6 个果。要根据树冠大小、树势强弱和品种特性，确定单位合理产量，如大石早生李盛果期树产量应控制在 1 500~2 000kg/亩，黑宝石李盛果期树产量应控制在 3 000~4 000kg/亩。

#### （二）杏树疏果

杏树疏果宜早不宜迟，在花后 15~25 天进行，最迟在硬核前完成，以利果实膨大，避免营养浪费。一般短枝留 1 个果，中枝留 2~3 个果，长枝留 4~5 个果。也可按距离进行，即小型果间距 3~5cm，中型果间距 5~8cm，大型果向距 10~15cm，保证全树 20 片叶以上留 1 个果。鲜食杏的产量控制在 1 000~1 500kg/亩为宜。

疏果时要注意疏去小果、病虫果、发育不正常果、双果中直立向上果、过大过小果、果形不正及有伤的果。

## 四、病虫害的防治

早春对园内外进行大清除，包括刮树皮，刷除枝干上的介壳虫，清扫杂草、落叶，摘除病枝、病叶、病果及果核残体等，并将其集中销毁或深埋。同时，对园外越冬寄主进行彻底清除，集中烧毁，以大幅度降低越冬病菌和越冬害虫数量。早春及时进行翻树盘，也可以有效减少虫源。发芽前树体喷布5°Be 石硫合剂或 5%的柴油乳剂，杀灭树上越冬的病菌虫体，降低病虫越冬基数，为全年防治打好基础。4 月底坐果后，喷50%氯溴异氰尿酸粉剂 1 000 倍液或 75%百菌清可湿性粉剂600 倍液，同时混合 3%啶虫脒乳油 2 000 倍液或 5%吡虫啉乳油 3 000 倍液，主要防治疮痂病、细菌性穿孔病以及梨小食心虫等。5 月上旬花后 20 天，喷 4.5%高效氯氰菊酯乳油 1 500 倍液或 50%辛硫磷乳油 2 000 倍液，同时混合 72%农用链霉素可溶性粉剂 2 000 倍液或 50%甲基硫菌灵可湿性粉剂 600 倍液，防治梨小食心虫、细菌性穿孔病及其他病虫害。对流胶病、干腐病等树干病害严重的果园，可在树干上刷 1 遍 10%有机铜涂抹剂，或刷 1 000 倍硫酸锌液或腐殖酸钠。

在每年 4 月下旬，在园内悬挂食心虫等诱芯、迷向丝及诱捕器，对诱捕食心虫第 1 代成虫效果非常好。此外，还可以设黑光灯、粘虫板和糖醋液等诱杀多种害虫的成虫。有条件的园可以使用频振式杀虫灯诱杀天幕毛虫、梨小食心虫、金纹细蛾等多种果树害虫，而且对天敌影响不大。

# 第九节　枣

## 一、园地选择

枣树的适应性比较强，对土壤的条件要求不严，各地可以充分利用荒地和盐碱地进行栽培。但是，为了达到较高的经济效益，生产出优质、无公害的产品，应尽量选择空气、水源、土壤等环境没有受到污染，地势平坦开阔，排水条件好，土壤渗透性强、通气性能好，地下水位较高，土质肥沃的园地为好。山区和丘陵地带种植枣树，应选择土层深厚的阳坡，阴坡则不宜种植。

## 二、栽培模式

一是矮化密植型栽培，主要适用于结果早、树型小的品种，株行距以 2m×3m 或 3m×2m 为宜。二是间作型栽培，主要适用于树型中等或较大、结果较晚的品种，行距 8～10m，株距 3～5m。树间早期可间种其他作物。

## 三、栽培时间

枣树自落叶到次年萌发前的整个休眠期都可栽培，分为春栽和秋栽。根据多年的栽培经验，以 2 年生及 2 年以上生的根蘖苗种植，春栽的立即浇透水，成活率很容易达到 90% 以上，而秋栽的即使定植后浇水成活率也很难达到 90% 以上。但是，秋栽的定植后即使不浇水成活率也能达到 70% 以上，而春栽若不浇水则成活率明显不如秋栽。

## 四、肥水管理

根据降雨情况，可于5月中旬、6月上旬和6月下旬各浇一次水，做到天旱苗不旱，7月下旬渡过缓苗期后，每株穴施尿素150g。另外苗木发芽展叶后，每隔10~15天用0.4%尿素加0.3%磷酸二氢钾进行叶面喷肥。

## 五、防治病虫

在枣树花期和幼果期防治绿盲蝽时，应选择悬浮性好的悬浮剂，既安全，防效又好；枣锈病、炭疽病和轮纹病等主要病害应选择安全性好、防效突出的优质杀菌剂交替使用。进入高温雨季后，应慎用波尔多液，否则极易产生药害。

## 六、检查补栽

苗木发芽展叶后，调查苗木成活情况，根据死株、缺株情况，秋季或次年萌芽前进行苗木带土补栽。另外，枣苗栽植的当年，有时会出现不发芽的假死现象，假死株的树枝柔软，皮色发绿光亮，对假死苗木应抓紧浇水中耕，促其尽快萌芽生长。

## 七、保花保果

要想使枣树早结果、多结果，一是在枣树开花期间摘心打顶，减少养分的消耗。二是花期喷打10~15mg/kg的赤霉素或枣花宝溶液。每次在果实完熟前4~5周（白熟期）仔细喷施2~3次50mg/kg的萘乙酸或10~20mg/kg的防落素溶液，间隔10~15天喷1次。

# 第十节　葡　萄

## 一、插条的选择与处理

硬枝扦插插条采集应在已经结果，而且品种纯正的优良母树上进行采集。一般结合冬季修剪同时进行，选发育充实、成好、节间短、色泽正常、芽眼饱满、无病虫为害的一年生枝作为插条，剪成 7~8 节长的枝段（50cm 左右），每 50~100 条捆成 1 捆，并标明品种名称和采集地点，放于贮藏沟中沙藏。春季将贮藏的枝条从沟中取出后，先在室内用清水浸泡 6~8h，然后进行剪截。

嫩枝扦插在夏季选择已木质化、芽呈黄褐色的春蔓，3~5 节长的枝段（25cm 左右）。插穗顶端留 1 叶片，其他叶连同叶柄一并去掉，下端从芽节外剪成马耳形，剪制好的插穗及时插入苗床。扦插前可用 0.005%~0.007% 吲哚乙酸液浸泡插穗基部 6~8h，或用 0.1%~0.3% 吲哚乙酸液速蘸 5s，或用生根粉处理。

## 二、苗床的选择与整理

育苗地应选在地势平坦、土层深厚、土质疏松肥沃、同时有灌溉条件的地方。上年秋季土壤深翻 30~40cm，结合深翻每亩施有机肥料 3 000~5 000kg，并进行冬灌。早春土壤解冻后及时耙地保墒，在扦插前要做好苗床，苗床一般畦宽 1m，长 8~10m，平畦扦插主要用于较干旱的地区，以利灌溉；高畦与垄插主要用于土壤较为潮湿的地区，以便能及时排水和防止畦面过分潮湿。

也可选择营养袋育苗，育苗前先用宽 19cm、长 16cm 塑料薄膜对黏制成高 16cm、直径约 6cm 的塑料袋，也可用市面出售的相应规格的塑料袋，袋底剪一个直径 1cm 的小孔或剪于袋底的 2 个角，以利排水。同时，用土和过筛后的细沙及腐熟的厩肥按沙∶土∶肥＝2∶1∶1 的比例配制成营养土，营养土装入育苗袋墩实。

### 三、施肥管理

葡萄采摘后，为迅速恢复树势，增加养分积累，应早施基肥。这次以有机肥为主，占全年施肥总量的 60%～70%，每亩施入厩肥或堆肥 3 000~5 000kg，可伴随加入 30kg 复合肥。离葡萄主干 1m 挖一环形沟，深 50~60cm、宽 30~40cm，将原先备好的各种腐熟有机肥分层混土施入基肥。

为满足葡萄生长时期对肥料的需求，在生长期进行追肥，以促进植株生长和果实发育。在早春芽开始萌动前施入催芽肥，主要以速效性氮肥为主，尿素每株施 0.1~0.4kg，人粪尿液肥每株冲施 8~10kg，追肥完成后要立即灌水，以促进萌芽整齐；开花前 7~10 天施花前肥，每株施氮磷钾复合肥 0.1~0.15kg；盛花后 10 天施膨果肥，每株施尿素 0.1~0.5kg、氮磷钾复合肥 0.1~0.5kg；在果实转色前或转色初期施增色增糖肥，每株施硫酸钾 0.2~0.4kg。

### 四、疏剪花序

疏花序时间一般在新梢上能明显分出花序多少、大小的时候进行，主要是疏去小花序、畸形花序和伤病花序。如果葡萄有落花落果现象，疏花序则要推迟几天进行。保留花序数量要根据葡萄品种、树龄和树势进行，短细枝和弱枝不留花序，鲜食品种长势中庸的结果枝上留 1 个花序，强壮枝上留 1~2 个花序，一般以留 1 个为多，少数壮枝留 2 个。

### 五、花序修整

在花序选定后，对果穗着生紧密的大粒品种，要及时剪除果穗上部的副穗和 2~3 个分枝，对过密的小穗及过长的穗尖，也要进行疏剪和回缩，使果穗紧凑，果粒大小整齐而美观。

### 六、顺穗、摇穗和拿穗

顺穗是在谢花后结合绑蔓，把放置在藤蔓和铁丝上的果穗理顺在棚架的下面或篱架有位置的地方；在顺穗时进行摇晃几下，摇落受精不良的小粒称为摇穗；对于穗大而果粒密集的品种在果粒发育到黄豆大小时，把果穗上密集的分枝适当分开，使各分枝和果粒之间留有适当的空隙，便于果粒的发育和膨大。

### 七、疏果粒

花序通过整形后，每个花序所结的果粒依然很多，需要在果粒黄豆大小时将过多的果粒疏去。主要疏掉发育不良的小粒、畸形粒和过密果粒，尤其是对果粒紧凑的品种和经过膨大处理的果穗（如维纳斯无核），必须疏掉一部分果粒，不然将有部分果粒被挤碎、挤掉。在成熟时，疏掉裂果、小粒及绿果，使果粒大小整齐，外观美，达到优质果的标准。大型穗可留 90~100 粒果，穗重 500~600g；中型穗可留 60~80 粒果，穗重 400~500g。

### 八、果穗套袋

目前主要可用于套袋生产的品种有巨峰系葡萄、红地球、美人指和无核白鸡心等。一般使用耐雨水淋洗、韧性好的木浆涂蜡纸袋，可以依据种类品种、果穗的大小定订制，例如专为提高葡萄上色的带孔玻璃纸袋和塑料薄膜、专防鸟害的无纺布果袋。葡萄套袋的长度一般为35～40cm，宽20～25cm，具体长度、宽度按所套品种果穗成熟时的长度和宽度而定，但一定要大于其长和宽，袋子除上口外其余全部密封或黏合。例如欧美杂种葡萄中的大果穗可用30cm×20cm；欧亚种的大果穗多，如红地球等品种可用40cm×30cm，果穗小的品种可用25cm×20cm。

葡萄套袋通常在谢花后2周坐果、稳果、疏果结束后（幼果黄豆大小），应及时进行，各品种的具体套袋时间也有一定的差异，例如欧亚种的品种可以适当早套，欧美杂交品种则可适当晚套。

套袋前的准备工作，套袋前5～6天须灌一次透水，增加土壤的湿度，在套袋前1～2天，对果穗喷一次杀菌剂和杀虫剂，防止病虫在袋内为害，如波尔多液或甲基硫菌灵，做到穗穗喷到、粒粒见药，待药液干后即可开始套袋。

套袋操作要点，先将纸袋端口浸入水中5cm，湿润后，袋子不仅柔软而且容易将袋口扎紧。也可套袋时将纸袋吹涨，小心地将果穗套进，袋口可绑在穗柄所着生的果枝上。要注意喷药后水干就套袋，随干随套；在整个操作过程中，尽量不要用手触摸果实。在葡萄采收时连同纸袋一同取下。有色品种在采前几天可将纸袋下部撕开，以利充分上色。

## 九、病虫害防治技术

### （一）植物检疫

在发展葡萄生产引种时，对引入的苗木、插条等繁殖材料必须进行检疫，发现带有病原、害虫的材料要进行处理或销毁，严禁传入新的地区。

### (二) 生物防治

主要包括以虫治虫、以菌治菌、以菌治虫等方面。生物防治对果树和人畜安全，不污染环境，不伤害天敌和有益生物，具有长期控制的效果。目前生产上应用的农抗402生物农药，在切除后的根癌病瘤处涂抹，有较好的防病效果。

### (三) 物理防治

利用果树病原、害虫对温度、光谱、声响等的特异性反应和耐受能力，杀死或驱避有害生物。如目前生产上提倡的无毒苗木即是采用热处理的方法脱除病毒。

### (四) 化学防治

应用化学农药控制病虫害发生，仍然是目前防治病虫害的主要手段，也是综合防治不可缺少的重要组成部分。尽管化学农药存在污染环境、杀伤天敌和残毒等问题，但它具有见效快、效果好、广谱、使用方便等优点。

### (五) 农业防治

保持田间清洁，随时清除被病虫为害的病枝残叶，病果病穗，集中深埋或销毁，减少病源，可减轻次年的为害；及时绑蔓、摘心、除副梢，改善架面通风透光条件，可减轻病虫为害；加强肥水管理，增强树势，可提高植株抵御病虫害的能力，多施有机肥，增加磷、钾肥，少用化学氮肥，可使葡萄植株生长健壮，减少病害；及时清除杂草，铲除病虫生存环境和越冬场所。

### (六) 抗病育种

选育抗病虫害的品种或砧木，抗病育种一直是葡萄育种专家十分重视的课题。近年从日本引进的巨峰系欧美杂交种就是通过杂交育种培育出来的一个抗病群体，与欧亚种相比，它对葡萄黑痘病、炭疽病、白腐病、霜霉病等均具有较强的抗性。

# 第十一节 核 桃

## 一、生产技术

萌芽前 15~20 天，疏除树上 90%~95% 的雄花芽，以减少养分和水分消耗，提高坐果率。开花期去雄花，人工辅助授粉。去雄花最佳时期在雄花芽开始膨大时。疏除雄花序之后，雌花序与雄花数之比在 1:(30~60)。但雄花芽很少的植株和刚结果的幼树，最好不疏雄花。人工辅助授粉花粉采集在雄花序即将散粉时（基部小花刚开始散粉）进行。授粉最佳时期是雌花柱头开裂并呈八字形，柱头分泌大量黏液且有光泽时最好。具体方法是先用淀粉或滑石粉将花粉稀释成 10~15 倍，然后置于双层纱布袋内，封严袋口并拴在竹竿上，在树冠上方轻轻抖动即可。或将花粉与面粉以 1:10 的比例配制后用喷雾器授粉或配成 5 000 倍液后喷洒。具体时间以无露水的晴天最好，一般 9—11 时、15—17 时效果最好。进入盛花期喷 0.4% 硼砂或 30mg/L 赤霉素，可显著提高坐果率。为提高果实品质，坐果后可进行疏果。

核桃应在果皮由绿变黄绿或浅黄色，部分青皮顶部出现裂纹，青果皮容易剥离，有以上现象的果实已显成熟时采收。采收方法分人工采收和机械采收两种。人工采收是在核桃成熟时，用长杆击落果实。采收时应由上而下、由内而外顺枝进行。此法适合于零星栽植。发达国家多采用机械采收。具体做法是在采摘前 10~20 天，向树上喷洒 500~2 000mg/kg 的乙烯利催熟，然后用机械振落果实，一次采收完毕。此法省工、效率高，但易早期落叶而削弱树势。果实从树上采下后，应尽快放在阴凉通风处，不应在阳光下暴晒。采收后要及时进行脱青皮、漂白处理。脱青皮多采用堆积法，将采收的核桃果实堆积在阴凉处或室内，厚50cm左右，上面盖上湿麻袋或厚10cm的干草、树叶，保持堆内温湿度、促进后熟。一般经过3~5天青皮即可离壳，切忌堆积时间过长。为加快脱皮进程也可先用3 000~5 000mg/kg乙烯利溶液浸蘸30s再堆积。脱皮后的坚果表面常残存有烂皮等杂物，应及时用清水冲洗3~5次，使之干净。为提高坚果外观品质，可进行漂白。常用漂白剂是：漂白粉1kg+水（6~8）kg或次氯酸钠1kg+水30kg。时间10min左右，当核壳由青红转黄白时，立即捞出用清水冲洗两次即可晾晒。

## 二、病虫害的防治

核桃病虫害主要有黑斑病、溃疡病、腐烂病、举肢蛾、云斑天牛等。具体防治措施是冬季休眠期挖出或摘除虫茧、幼虫，刮除越冬卵。清除园内落叶、病枝、病果，以减少菌源。萌芽前用生石灰0.25kg，水18kg，方法是先将生石灰化开，加入食盐和豆面，然后搅拌均匀，涂于小幼树全部和大树的1.2m以下的主干上。萌芽开花期以防治核桃天牛、黑斑病、炭疽病与云斑天牛为重点，喷1∶0.5∶200波尔多液，0.3°~0.5°Bé（波美度）石硫合剂，用毒膏堵虫孔，剪除病虫枝，人工摘除虫叶，并捕捉枝干害虫；喷50%辛硫磷乳油1 000~2 000倍液，20%甲氰菊酯乳油1 500倍液，10%氯氰菊酯乳油1 500倍液等杀虫剂防治害虫。4月上旬刨树盘，喷洒25%灭幼脲悬乳剂1 500倍液，或用50%辛硫磷25g，拌土5~7.5kg，均匀撒施在树盘上，用以杀死刚复苏的核桃举肢蛾越冬幼虫。果实发育期以防治黑斑病、炭疽病与举肢蛾为重点。在5月下旬至6月上旬，采用黑光灯诱杀或人工捕捉木尺蠖、云斑天牛。6月上旬用50%辛硫磷乳油1 500倍液在树冠下均匀喷雾，以杀死核桃举肢蛾羽化成虫；7、8月硬核开始后按10~15天间隔喷辛硫磷等常用杀虫剂2~3次。发现被害果后及时击落，拾虫果、病果深埋或焚烧；8月中下旬，在主干上绑草把，树下堆集石块瓦片，诱集越冬害虫，集中捕杀。每隔20天喷一次波尔多液，以保护叶片。果实成熟期结合修剪剪除病虫枝，以消灭病源，喷杀虫剂防治虫害。在落叶休眠期清扫落叶、落果并销毁，进行果园深翻，以消灭越冬病虫源。

# 第五章 食用菌绿色生态栽培新技术

## 第一节 平菇栽培技术

平菇是人类认识较早的一种食用菌。野生平菇常生长在枯树桩上，是一种木腐真菌。平菇适应性强，在我国分布极为广泛，有 30 多种，其中除少数几种如湘、赣两地的荷树菇有毒外，其余绝大多数可食并易于人工栽培。平菇是当前我国人工栽培最为广泛普及率最高的一种食用菌，是菌类蔬菜中的"大路菜"。

### 一、品种选择

栽培平菇，目前几乎全部是利用自然气温，从播种至采收完，需 3~4 个月，可收 3~6 批菇。通过品种的合理搭配，一年四季均可栽培，实现平菇的周年化生产。春秋季出菇采用中温和广温品种，如高丰 428、丰平 2 号等；夏季出菇采用高温品种，如夏平 1 号、夏丰 10 号等；冬季出菇采用广温和低温品种，如 F05、黑优 59 等。

### 二、培养料的调制

1. 栽培料配方

（1）棉籽壳 85%，米糠 10%，石膏粉 3%，磷肥 2%。

（2）棉籽壳 30%，稻草 50%，米糠 15%，石膏粉 3%，磷肥2%。

（3）稻草50%，杂木屑32%，米糠15%，石膏粉2%，磷肥1%。

（4）稻草80%，米糠16%，石膏粉2%，磷肥2%。

以上配方中均可添加适量食用菌增产素及克霉灵，栽培效果更好。稻草一般用3%澄清石灰水或清水浸泡软化后沥去多余水分，切成7~10cm长使用。

2. 配拌原料

确定好配方后，称取各种所需原料，将原料充分拌匀后加水，料水比为1∶（1.1~1.4），增产素和克霉灵需溶于水中加入。以上培养料必须反复拌匀，使各种配料、药品及水分均匀分布。培养料的含水量应达到60%~65%，即用手紧握培养料，手指间有水印而不滴水。

### 三、袋装

采用24cm×50cm×0.025cm食用菌专用筒膜作栽培容器，塑料袋一头应先用塑料绳活结扎紧然后装料，培养料边装边压紧，每袋装干料量1kg，装好后上端袋口先套上颈圈，用牛皮纸和橡皮圈封口，下端袋口解除活结同样改用颈圈并封口，装好的料袋需轻拿轻放不能被硬物刺破。

### 四、灭菌

料袋一般经高温灭菌处理，分常压灭菌法和高压灭菌法，常压灭菌又分连续蒸煮和间歇灭菌两种办法。高压灭菌的培养基经121℃维持1.5h。常压连续蒸煮法培养基经100℃维持6~8h，常压间歇灭菌法培养基蒸3次，每次经100℃维持1.5h，每次蒸煮间隔期在室温下冷却24h。

当前，栽培户通常采用连续蒸煮的办法，可利用铁质汽油桶进行常压灭菌。先砌好煤灶，取空汽油桶挖去上盖面并洗干净，把桶座在灶上，内放约30kg水并安上木甑底，做好的料袋竖放在桶内摆好，每层放13～14包，桶内摆3层，桶口上摆2层，共5层，料袋间应留出空隙以利蒸汽畅通。当桶底水烧开，桶口冒大热气后，再另外用准备好的半截汽油桶倒扣住桶口上的2层料袋，铁桶相接处用数层耐温薄膜围罩好并扎牢。灶内维持旺火6～8h，蒸好后取出料袋，进甑出甑时注意不能弄破袋子。

## 五、接种

接种前应专门准备一间接种室，房间面积最好控制在15m² 以内高度在3m 以内，宁小勿大，要求干净平整，密封干燥。把蒸好的料袋、接种用具及菌种搬进后，每立方米空间用3g 克霉净烟雾剂密闭熏蒸消毒，或每立方米空间用10ml 甲醛加5g 高锰酸钾熏蒸亦可，经1h 后，打开装有滤菌纱布的门窗通风换气，待药味变淡后，接种人员准备一身干净衣服，再进入接种室操作。双手、接种用具及菌种瓶口瓶身均用75%酒精擦抹消毒。接种人员可一组3人，一人专门开瓶挖种供种，两人解袋口接应菌种，菌种迅速接入料袋两端，并照原样封口，一般每瓶栽培种可接10袋左右。注意操作过程中不得弄破袋子以免感染杂菌。

## 六、发菌管理

接种的栽培袋可在接种室就地发菌，也可搬入专门的栽培室发菌。栽培室要求保温、通风、避光、干燥、防鼠。春末、夏季、初秋栽培袋应分开摆放，秋末、冬季、初春应成堆摆放。栽培袋应经常检查，袋堆中央的温度不能超过33℃，并要定时翻堆。长有绿、青、黄、灰等颜色菌丝的菌袋属感染了杂菌，应及时移出栽培室处理。在一般情况下，栽培袋 30 天左右就可长满菌丝，满袋后即可转入出菇管理阶段。

## 七、病虫害防治

### （一）病害防治

1. 绿霉

（1）接种时严格无菌操作，养菌期发现污染，应及时清出。

（2）始见绿霉时，及时喷洒 1：500 倍苯来特药液，或喷洒 5% 的石灰水抑制杂菌。

（3）选择好栽培场地，防止出现高温高湿。

2. 毛霉

（1）培养料灭菌要彻底，含水量要适宜。

（2）栽培接种后要不断检查，经常通风散湿。

（3）毛霉发生时，可喷洒 0.01% 克霉灵，或撒少量生石灰粉。

3. 青霉

（1）菇房四周要进行药剂消毒，可用 0.03% 多菌灵喷雾。

（2）高温多雨季节注意通风降温降湿。

（3）发生青霉要及时防治，用 0.04% 的甲基硫菌灵效果较好。

### （二）虫害防治

1. 菇蚊

（1）菇房门窗及通气孔装上沙门。

（2）用布条醮敌百虫药液，挂在菇房内驱赶虫子。

（3）虫害发生时，用 1 000 倍的菇虫净药液喷洒。

2. 菇蝇

（1）门窗装上沙门。

（2）用布条蘸敌百虫药剂挂在菇床上驱赶。

（3）用 1 000 倍的菇虫净 2 号喷洒杀虫。

3. 螨虫

（1）菇房要远离畜禽舍、饲料仓库，搞好清洁卫生，铲除满虫滋生地。

（2）用 15g/m³ 的硫黄熏蒸，搞好菇房消毒工作，杀死潜伏在房内缝隙中的螨虫。

（3）螨虫发生后，可用 20% 三氯杀螨醇 1 000 倍液喷杀。当发生面积较大时，应将菇房密闭，用 10g/m³ 的磷化铝熏蒸，彻底杀灭害虫。

## 八、出菇管理

进行出菇管理的菌袋，应去掉两端袋口上的封纸，向袋口、地面、墙壁及空中喷水，保持菇房潮润，空气湿度达到 85%~95%，并定时通风换气，增加散射光照，加大温差刺激。经 5~7 天，菌袋口就有子实休原基形成，其外形为灰白色肉状突起，酷似桑葚，称桑葚期，此时菌袋口不能喷水。桑葚期约经 2 天，肉状突起伸长，顶端出现灰色小扁球，菌盖和菌柄也开始分化，外形似珊瑚，称珊瑚期，此期菌袋口同样不能喷水。珊瑚期 2~3 天后，进入子实体成长期，菌盖、菌柄继续长大，开始菌柄生长较快，后期放慢。菌盖前期生长慢，后期生长迅速，随着菌盖长大，菌盖颜色也逐渐变浅，菌柄逐渐偏向一侧。子实体进入成长期后，对水分的抵抗力提高，菇体长大也需要吸收较多的水分，此期除继续保持菇房湿润外，应直接向菇体喷些雾水。

适宜条件下，从燕蕾形成至子实体采收需 7~8 天，温度低时需要时间更长，温度高时更短。当菌盖停止生长，中央凹陷处出现白色茸毛时就及时采收。

## 九、采收

采收时双手握住菇体基部轻轻拧下即可，注意清除袋口料面残体，通风干爽 3~7 天进行养菌，之后再行喷水管理催菇，结合喷施食用菌增产素效果更佳，几天后可形成第二批子实体，如此可出菇 3~6 批。

# 第二节　香菇栽培技术

## 一、播种期的安排

我国幅员辽阔，受气候条件的影响，季节性很强。各地香菇播种期应根据当地的气候条件而定。然后推算香菇栽培活动时间，应选用合适的品种，合理安排生产。或根据预定的出菇期推算播种期。

## 二、菌袋的培养

指从接完种到香菇菌丝长满料袋并达到生理成熟这段时间内的管理。菌袋培养期通常称为发菌期。

### （一）发菌场地

可以在室内（温室）、阴棚里发菌，但要求发菌场地要干净、无污染源，要远离猪场、鸡场、垃圾场等杂菌滋生地，要干燥、通风、遮光等。进袋发菌前要消毒杀菌、灭虫，地面撒石灰。

## (二) 发菌管理

调整室温与料温向利于菌丝生长温度的方向发展。气温高时要散热防止高温烧菌，低时注意保温。翻袋时，用直径1mm 的钢针在每个接种点菌丝体生长部位中间，离菌丝生长的前沿 2cm 左右处扎微孔 3～4 个；或者将封接种穴的胶粘纸揭开半边，向内折拱一个小的孔隙进行通气，同时挑出杂菌污染的袋。发菌场地的温度应控制在 25℃ 以下。夏季要设法把菌袋温度控制在 32℃ 以下。菌袋培养到 30 天左右再翻一次袋。在翻袋的同时，用钢丝针在菌丝体的部位，离菌丝生长的前沿 2cm 处扎第二次微孔，每个接种点菌丝生长部位扎一圈4～5 个微孔。

由于菌袋的大小和接种点的多少不同，一般要培养 45～60天菌丝才能长满袋。这时还要继续培养，待菌袋内壁四周菌丝体出现膨胀，形成皱褶和隆起的瘤状物，且逐渐增加，占整个袋面的 2/3，手捏菌袋瘤状物有弹性松软感，接种穴周围稍微有些棕褐色时，表明香菇菌丝生理成熟，可进菇场转色出菇。

## 三、出菇管理

香菇菌棒转色后，菌丝体完全成熟，并积累了丰富的营养，在一定条件的刺激下，迅速由营养生长进入生殖生长，发生子实体原基分化和生长发育，也就是进入了出菇期。

### (一) 催蕾

香菇属于变温结实性的菌类，一定的温差、散射光和新鲜的空气有利于子实体原基的分化。这个时期一般都揭去畦上罩膜，出菇温室的温度最好控制在 10～22℃，昼夜之间能有 5～10℃ 的温差。空气相对湿度维持 90% 左右。条件适宜时，很快菌棒表面褐色的菌膜就会出现白色的裂纹，不久就会长出菇蕾。

### （二）子实体生长发育期的管理

菇蕾分化出以后，进入生长发育期。不同温度类型的香菇菌株子实体生长发育的温度是不同的，多数菌株在 8～25℃ 的温度范围内子实体都能生长发育，最适温度在 15～20℃，恒温条件下子实体生长发育很好。要求空气相对湿度 85%～90%。随着子实体不断长大，要加强通风，保持空气清新，还要有一定的散射光。

### 四、采收

当子实体长到菌膜已破，菌盖还没有完全伸展，边缘内卷，菌褶全部伸长，并由白色转为褐色时，子实体已八成熟，即可采收。采收时应一手扶住菌棒，一手捏住菌柄基部转动着拔下。

### 五、采后管理

整个一潮菇全部采收完后，要大通风一次，使菌棒表面干燥，然后停止喷水 5～7 天。让菌丝充分复壮生长，待采菇留下的凹点菌丝发白，根据菌棒培养料水分损失确定是否补水。

当第二潮菇采收后，再对菌棒补水。以后每采收一潮菇，就补一次水。补水可采用浸水补水或注射补水。重复前面的催蕾出菇的管理方法，准备出第二潮菇。第二潮菇采收后，还是停水、补水，重复前面的管理，一般出 4 潮菇。

## 第三节　金针菇栽培技术

金针菇菌柄脆嫩，菌盖黏滑，美味可口，营养丰富。它的精氨酸和赖氨酸含量特别高，经常食用，有提高智力的功能，特别是对儿童智力发育有良好的作用，日本把它称为"增智菇"。

## 一、品种选择

金针菇的栽培品种较多，依菌盖及菌柄颜色，大致有黄色、黄白色、白色及纯白色 4 个类型，品种很多。一般来说，白色品种菇质较嫩，适合稍低的温度，其主栽品种有白金 1 号、白金 2 号等。

## 二、栽培季节

自然季节栽培，一般 9—12 月制袋，10 月下旬至次年 3 月出菇。

## 三、栽培袋的制作

### （一）培养料配方

（1）棉籽壳 95%，玉米粉 3%，石灰 1%，糖 1%，硫酸镁适量。

（2）棉籽壳 40%，杂木屑 38%，麦麸 20%，糖 1%，石膏 1%，硫酸镁适量。

以上配方中含水量均为 60%~65%。

### （二）拌料

按配方称好各种原料反复拌匀，糖和硫酸镁应溶于水中后加入，基质中的含水量适宜，要求用手紧握培养料，手指间有水印而水不下滴。

### （三）装袋

采用 17cm×36cm×0.025cm 聚乙烯筒膜，一头先用绳线扎紧后伸入袋内埋入料中，每袋装干料 0.3kg，上部袋口多余的塑料膜应折叠好，并压紧使之不能松散开。

**（四）灭菌**

可采用常压蒸煮法 100℃连续蒸 6~8h。

**（五）接种**

按无菌操作要求一头接入菌种，袋口照原样迅速折叠好，使杂菌不能侵入袋内。一般一瓶栽培种接 30~40 袋。

## 四、发菌管理

栽培袋应置于保温、避光、干燥、清洁、防鼠的室内培养，在 20~25℃条件下，约 22 天可长满菌丝。发菌期间应经常检查杂菌，发现长有绿、青、黄、灰等杂菌的菌袋应及时移出栽培室处理。

## 五、出菇管理

菌丝长满袋后，应把折叠的袋口薄膜向上拉直成筒状，菌袋竖立排列，用大薄膜覆盖保温催蕾，定时进行料面通风换气，并加强室内温差刺激，经常喷水保持料面潮润，要求空气湿度达到 85%~90%，约经 7 天，菇蕾从料面密集长出，再经 7~10 天，金针菇菌柄充分伸长菌盖未开伞时即可采收。

## 六、病虫害防治

**（一）病害防治**

绿霉、毛霉、青霉防治，同平菇。

**（二）虫害防治**

菇蚊、菇蝇、螨虫防治，同平菇。

## 七、采收

采收时，双手握住菇柄基部轻轻拧下即可。采收同时应清除料面残余菇体，采收完毕后停水养菌 5~10 天，然后继续喷水进行出菇管理，共可采菇 2~3 批，总生物效率可超过 100%。

## 第四节　茶树菇栽培技术

茶树菇（*Agrocybe aegerita*）又名茶菇、油茶菇、茶薪菇，在真菌分类学上属于担子菌亚门，层菌纲，伞菌目，粪锈伞科，田头菇属。其营养丰富，含有人体所必需的 8 种氨基酸和丰富的维生素 B 族和钾、钠、钙、镁、铁、锌等矿质元素。因呈鲜味物质谷氨酸的含量较多，因而还具有鲜美的风味。该菇还具有补肾、利尿、健脾、抗衰老、降低胆固醇等功效，是高血压、心血管疾病和肥胖症患者的理想食品，被称为"中华神菇"。

茶树菇多分布在北温带，极冷极热的气候条件都不适合茶树菇的生育，野生产量较少，十分珍贵。茶树菇人工栽培始于公元前 50 年，可按一般木腐菌的培养方法来进行栽培。目前，我国江西、福建、上海等地都有比较科学的栽培技术。

### 一、营养需求

茶树菇主要在春秋两季生长于油茶树根部及腐朽洞内。碳源可利用栋树、水冬瓜、枫树、柳树、白杨树等材质疏松、单宁含量较少的杂木屑和茶籽饼、蔗渣、棉籽壳、玉米芯以及五节芒、斑茅等菌草。因为茶树菇对于木质素的利用能力很弱，一般培养料在装袋前要先经过发酵，使木质纤维素得到有效降解，更利于茶树菇生长。又因其利用氮素的能力很强，与其他多数食用菌相比，需要稍高的含氮量，在袋料栽培中应加入适量麸皮、米糠、玉米粉、豆饼等作为氮源。栽培中适合的碳氮比为（30：1）~（60：11）。此外，培养料中添加钙、铁、锌、钾、镁等矿质元素，对菌丝生长有明显促进作用。

## 二、常用培养料及配方

常用培养料主要有杂木屑、棉籽壳、农作物秸秆等，常用配方如下。

（1）杂木屑 27%，棉籽壳 45%，麸皮 18%，茶籽饼 5%，玉米粉 3%，碳酸钙 1%，糖 1%。

（2）杂木屑 20%，菌草粉 30%，棉籽壳 22%，麸皮 19%，茶籽饼 5%，玉米粉 3%，碳酸钙 1%。

（3）杂木屑 50%，小麦 48%，石灰粉 1.5%，食盐 0.5%。

（4）棉籽壳 84%，麸皮或米糠 10%，玉米粉或豆饼粉 5%，石膏 1%。

（5）棉籽壳 39%，蔗渣 39%，麸皮 20%，石膏 2%。

## 三、栽培环境要求及条件

### （一）温度

茶树菇属于中温型食用菌，菌丝在 4~33℃下都能生长，最适温度为 25~27℃；茶树菇又属于变温结实型食用菌，昼夜温差刺激能明显促进原基形成与分化，子实体原基分化温度为 14~24℃；子实体生长温度为 10~30℃，最适温度为 20~25℃。温度低，菇体生长缓慢，但品质好；温度高，易开伞和形成长柄薄盖菇。超过 32℃，子实体会死亡。

### （二）水分及湿度

培养料含水量最适为 60%~65%，即手握松开成团，落地后散开。握紧时指缝间比较湿润但无水流下。不过杂木屑粗大时保水量差，培养料水分应适当重些；反之亦然。对于空气湿度的要求则是在菌丝生长阶段为 70%～80%；在出菇阶段为 85%～95%；在菇体生长期适当降低，以防腐败和病虫害。

### (三) 酸碱度

菌丝在 pH 值为 4～7 的范围内均可生长，pH 值最适为 5.5～6.5。茶树菇在出菇阶段代谢过程中产生的有机酸很少，在配制培养料时可添加 1%～2% 的石灰调 pH 值为 6.5～7.0，提供钙与调节 pH 值的同时还可抑制杂菌的浸染。

### (四) 光照

茶树菇没有叶绿素，不需要直射阳光，但在生长中保持一定的散射光是很有必要的，菌丝培养阶段可以在完全黑暗的条件下完成。出菇阶段一定要有散射光刺激，光照强度为 300～1 000lx 最合适，或者三分阳七分阴。

### (五) 空气

茶树菇属好氧型真菌，对二氧化碳十分敏感，通气不良则二氧化碳浓度过高，易造成菌丝生长缓慢、畸形菇等现象。但在原基分化阶段，略高的二氧化碳浓度，有利于菌柄伸长，产量较高，一旦子实体形成后，又要降低二氧化碳浓度，保持菇房内空气的新鲜。

## 四、菌种准备

自己生产茶树菇菌种一般要提前两个月制作菌种。也可以到其他食用菌菌种市场公司直接购买栽培种供生产使用。食用菌菌种销售门市和一些大型茶树菇栽培企业也会出售茶树菇菌种。

## 五、栽培料准备

茶树菇的栽培料以木屑或棉籽壳为主，用木屑或棉籽壳栽培时最好使用陈年的材料。

为了降低成本，以木屑或棉籽壳栽培茶树菇时，可以加一些农作物秸秆粉。

## 六、栽培管理技术

### （一）栽培季节

茶树菇可分春、秋两季栽培。栽培季节安排要根据当地的气温变化规律，选择适当时间栽培。实践证明，在高温季节温度降至24℃，低温季节温度上升至18℃时，将形成大量子实体。因此，春栽宜于当地气温稳定在18℃时往前推2个月接种栽培袋；秋栽气温稳定在24℃往前推2个月接栽培袋。我国大部分地区春季2—3月制作菌包接种，4—5月出菇；秋季8—9月制作菌包接种，10—11月出菇。气候冷凉的地区，春季接种期宜推迟，秋季接种期宜提前。

### （二）栽培场所的选择及消毒

袋栽茶树菇一般选择在室内进行，可利用菇房、仓库以及地下室、防空洞等，从发菌到出菇均在同一场所完成。菇房四周要清洁，无污染源，地势高，调温和通风性能良好，离水源近。

在栽培前，先将菇房打扫干净，水泥地面的可用高锰酸钾溶液将地面拖干净；泥地面的可在其上撒一层石灰粉，然后将房间密封好，用高锰酸钾加甲醛（每立方米空间用5g高锰酸钾加10ml甲醛）或硫黄熏蒸消毒。

### （三）栽培工艺流程及技术

原料配制—装袋—灭菌—接种—发菌管理—出菇管理—采收—后期管理。

1. 原料配制

在选择木屑时，陈旧的比新鲜的好，但不能霉变。要把木屑堆于室外，经过日晒雨淋，让木屑中的树脂挥发及有害物质完全消失。未经堆积的木屑，栽培茶树菇菌丝生长慢，产量低。木屑中过大过硬的木片及杂质要剔除，以免装袋时刺破袋子。在配方中加入棉籽壳制作的培养基，营养丰富，蛋白质、脂肪含量较高，通气较好，可提高产量近1倍。但棉籽壳吸水性差，需提前用1%~2%的石灰水浸泡10h，捞起后，加入其他培养料翻拌，分次加水拌匀，含水量控制在握紧培养料时指缝间比较湿润但无水流下为好。拌好后将料堆在通风好、不积水的水泥地上进行3~5天的预发酵，发酵堆宽1.5m、高1.2m，每隔1m可用粗木棒打一通气孔。期间堆温上升到60℃时进行翻堆，翻堆2~3次。发酵后的料呈浅棕褐色，疏松，不粘手，无酸臭味。接着用石灰粉调节pH值为7.0左右。需要说明的是：麦麸、米糠、糖等营养丰富的辅料只能在装袋前放入，避免与其他原料混合进行发酵，使基质酸化，养分受到破坏，且易滋生杂菌。

2. 装袋

选用17cm×33cm×0.05cm的折角塑料袋、常压灭菌用聚乙烯塑料袋，高压灭菌用聚丙烯塑料袋。将配制好的培养料装入袋内，边装边压实，使料松紧度适宜，料与袋壁间不能有明显空隙。袋装满后，清理袋口和袋壁的残屑，将开口端用线绳扎紧，亦可用塑料套环。每袋装湿料3kg左右，高度为13~15cm，装袋后即时灭菌，以免时间过长，培养料酸化。

3. 灭菌

常压灭菌，5h内升温至100℃后保持10~14h，要注意做到"攻头、控中、保尾"，菌袋数量多可适当延长时间。高压灭菌采用 147kPa 的压力，128℃ 的温度，灭菌 2~3h。灭菌过程中提倡采用周转筐，可将装好的料袋一层一层整齐装进编织袋或麻袋中，封好袋口，一层层叠在灭菌池中进行灭菌。约 60℃ 时趁热出锅后迅速移入消好毒的接种室。要轻搬轻放，以免破袋。

4. 接种

接种室事先用每立方米空间 5g 高锰酸钾加 10ml 甲醛或气雾消毒剂 4g 消毒，注意密封。栽培种要选用长满瓶（袋）10 天以内无污染的健壮优质菌种，以刚长满瓶（袋）的栽培种为好。接种的菌块不能太碎，这样有利于菌丝迅速恢复生长。当袋温冷却至 27~30℃ 时，以无菌操作方式抢温接种。先将袋口打开，用消毒过的锥形木棒在料面上钻接种穴。接种时应尽量接满穴口，再在料面上撒下一些菌种，以利于菌丝尽快占领料面，减少杂菌污染。一般一袋菌种可接种 20~30 袋。接菌后应扎紧袋口，或采用套环+棉塞+报纸（牛皮纸）封口。在发菌期间及时解绳增氧，才能加快菌丝生长速度。接种后的菌袋搬到培养室中，排放在层架上培养。

5. 发菌管理

接种后，菌丝在培养基上萌发并蔓延生长，直至整袋培养基长满菌丝的过程称为发菌期。由于茶树菇菌丝生长需要黑暗条件，所以培养室有必要遮光。且茶树菇具有趋光性，原基分化与子实体形成均需要一定的散射光。因此，搬入培养室进行排场堆叠的菌袋要求袋口朝门窗方向摆放成行，行间留走道以便管理操作。春季栽培，温度较低，可将菌袋排密些，为 8~10 层；而夏秋季气温高，菌袋排放以 3~5 层为宜，便于散热。培养室温度宜控制在 20~26℃。发菌 15~20 天后，接种口菌丝向四周蔓延，封锁料面，此时应进行翻堆检查，发现污染菌袋，及时清理消毒。养菌期间，注意通风换气，防止二氧化碳积累过多，造成菌丝发育不良。当菌丝生长达到菌袋 1/3 时，菌丝生长旺盛，吃料快，二氧化碳释放量大，同时温度升高，要加大通风。此时，可将袋口绳子稍微松开，以满足菌丝对氧气的需求，加速菌丝生长。菌丝在适宜的温湿度下，培养 45~50 天即可满袋。满袋后继续培养 8~10 天，菌袋内表面开始出现黄水，菌丝由白转变成棕褐色，此时称为转色。说明菌丝从营养生长进入生殖生长期，可以转入出菇管理阶段。

6. 出菇管理

若原来的培养场所符合出菇要求，可以直接在那里进行出菇管理；否则，要及时搬出菇场所。出菇时的菌袋排列主要以立式栽培为主。整个过程包括搔菌催蕾、幼菇期管理、成菇期管理三个阶段。

（1）搔菌催蕾。当看到菌袋内表面开始出现黄色水珠，少数菌袋出现深色斑块，有原基分化时，就可进行搔菌。即用灭过菌的耙状铁钩将培养基表面 0.2~0.3cm 的棕褐色菌皮及部分栽培菌种扒掉，耙匀料面，通过这样的物理刺激来促进原基形成。

搔菌后要立即进行催蕾，利用昼夜自然气候及人为创造小气候，制造明显的温差及干湿差，进行强刺激。具体做法是：将袋口打开拉直并竖放菌袋，其上盖上无纺布或湿报纸以保湿。每天在报纸及地面喷水 1~2 次，以保持覆盖报纸湿润水不下滴为宜，切忌用重水。如果碰上雨天，应揭开覆盖物，不宜喷水。

总之，要将出菇房温度控制在 20~25℃，空气湿度控制在90%左右。另外，需每天开窗 2~3 次，每次 0.5~1h，增加一定量散射光的同时加强了通风。茶树菇生长期间，要切实协调好保湿及通风的关系，做好两者之间的平衡工作。始终保持较稳定的小环境湿度，是取得茶树菇优质高产的重要原因之一。7 天左右，菌袋表面出现密集的白色原基，接着分化成大批菇蕾。

（2）幼菇期管理。幼菇期通风时要避免强风直接吹在菇蕾上，还要注意一次喷水量不宜太多，否则易造成菇蕾大量死亡。与此同时，要进行疏蕾，每袋只保留 8~10 个菇蕾，以保证菇的品质。

（3）成菇期管理。茶树菇有很强的趋光性。为保持菌柄的整齐度，不宜随意搬动菌袋，以免畸形菇发生。为了促进菌柄的伸长，抑制菌盖开伞，需要维持一定的二氧化碳浓度，通风时空气流动量不能太大。空气湿度依然保持在 90% 左右，切忌喷水时直接喷在菇上，以免滋生杂菌，造成减产。成菇期温度要求保持在 15~28℃，适当的低温，产品菇健壮，品质佳。

7. 采收

采收时间易在子实体长出后 10 天左右，菇盖呈半球形，颜色从暗红褐色变为浅褐色，菌膜未破或微破时即可进行。采收时可一次性采，即握住整丛菌柄轻旋拔出，也可采用采大留小、采老留幼的方法分批采收，但要注意保护好幼菇。采后宜轻拿轻放并及时包装保鲜。茶树菇一般可出 3~4 潮，转潮间隔时间在 5~7 天。茶树菇产量集中在第一潮、第二潮。这两潮菇产量可占总产量的 80% 以上。同时这两潮菇质量也最优。每采完一潮菇后，要及时搔菌，以促使下潮菇子实体分化快，产量高。搔菌完后应停止喷水 5~6 天，任其恢复菌丝生长，为下期出菇积累营养。如菌袋干燥失水，可开袋补水，即采用注水器将水注入菌袋，结合补水还可往菌袋内补充一定的营养。只要管理得当，一般每袋可出鲜菇 0.15~0.2kg，干菇 0.012 5~0.02kg。生物效率高达 80%~90%。

# 第五节　木耳栽培技术

木耳大致可分为细木耳和毛木耳两大类，我国华东、华中及华南各省栽培的大多为毛木耳。毛木耳一般属高温、中高温菌类，它适应性强，较易栽培，自春末经夏至到仲秋均有鲜耳上市。

## 一、品种选择

毛木耳栽培品种有杂交 6 号、武功木耳、781、白背木耳、紫木耳等。

## 二、栽培季节

一般 1—5 月均可制袋，5—11 月出耳。

## 三、栽培袋的制作

### （一）栽培料配方

（1）棉籽壳 78%，米糠 20%，石膏 1%，糖 1%。

（2）棉籽壳 39%，杂木屑 39%，麦麸 15%，玉米粉 5%，糖 1%，石膏 1%。

以上配方中的含水量均为 60%~65%。

### （二）拌料

按配方称取各种原料，反复拌匀，糖溶于水中后加入，基质含水应适宜，要求用手紧握培养料，指缝间有水印而不滴水。

### （三）装袋

采用 17cm×45cm×0.025cm 聚乙烯筒袋作容器，先用塑料绳线活结扎紧一端袋口，每袋装干料 0.6kg 压紧，然后两端套上颈圈扎上牛皮纸封口。

**（四）灭菌**

可采用常压灭菌法 100℃ 连续蒸煮 6~8h。

**（五）接种**

按无菌操作要求解开袋口两端接种，然后照原样迅速封口。

## 四、发菌管理

栽培袋置于保温、避光、通风、清洁、干燥、防鼠的室内培养发菌，定期检查菌丝生长情况，发现长有绿、青、黄、灰等杂菌丝的菌袋移出栽培室处理。在适宜温度下，菌丝 30~40 天即可满袋，菌丝满袋后，继续培养 5~7 天，即可转入出耳管理阶段。

## 五、开袋出耳

当菌丝长满全袋后，即可开袋出耳，菌袋可采用平面或立体出耳方法，开袋采用"V"字形划袋法，每袋开"V"字孔 15~23 个，呈"品"字形均匀排列，"V"字单边长约 1.5cm，开袋后随即喷水保湿，维持耳场空气湿度 85%~95%，以利现蕾出耳，同时注意增加耳场通气量和维持微弱散射光照。

## 六、病虫害防治

### （一）病害防治

绿霉、毛霉、青霉的防治，同平菇。

**（二）虫害防治**

**1. 黑腹果蝇**

（1）及时采收木耳，搞好菇房内外的环境卫生。

（2）取酒糟放入盘中，加入少量敌敌畏诱杀。

（3）用棚虫烟毙烟熏剂杀死蝇虫，每 $100m^3$ 用量 1 枚。

**2. 黑光甲**

（1）搞好耳场清洁，消灭越冬成虫。

（2）害虫发生时，用敌杀死向耳场内及四周地面喷洒。

# 七、采收

当耳蕾拱袋后，逐渐加大喷水量，注意干湿交替的出耳管理原则。一般现蕾至采收 15 天左右，耳片伸展开，耳基开始收缩后即可采收，注意采大留小，子实体残片应清理干净，避免害虫及杂菌滋生。一批耳片采收完毕后，应适当停水 7 天左右，再行喷水管理，如此可出耳 3~5 批。

# 第六章　水产品绿色生态养殖技术

## 第一节　鱼苗培育

鱼苗培育是指把孵化后 3 天的鱼苗饲养到体长 3cm 左右的夏花鱼种的生产阶段，一般需要 20 天左右。生产要达到的指标是：成活率 80% 左右，规模整齐，体质健壮，体长在 3cm 左右。

### 一、鱼苗池的要求

水源充足，注排水方便。在鱼苗培育过程中，需要逐渐加注新水，以增加鱼苗的活动空间并改善水质。

面积适当，水深适度。饲养鱼苗的池塘面积小于 3 亩，水深 1m 左右（前期 0.5~0.7m，后期 1~1.3m）。面积太大饲养管理不方便，水质不易调节，鱼苗易遭受风浪造成冲击，不利生长。

形状规整。规则的鱼池有利于网具操作，也有利于日常的投饵和管理。

池底平坦无水草丛生，有适量淤泥。这样将有利于培养鱼苗的适口饵料生物。

不漏水。漏水形成水流引起鱼苗顶流集群逗水不停，影响摄食和生长。

向阳、光照充足。

### 二、鱼苗池的修整与清塘

#### 1. 修整池塘

已经使用过的鱼塘须进行修整，先排干池水，使池底在冬季或早春经过长时间冰冻日晒，以减少病原，疏松土壤、加速有机质分解，从而提高池塘肥力。池水排干之后将池底整平，挖出过多淤泥，修好池堤及进排水口，填漏补缺，清除杂草。

#### 2. 生石灰清塘

生石灰清塘的原理是利用生石灰遇水产生氢氧化钙在短时间内使水的 pH 值迅速提高到 11 以上，能杀死几乎所有的敌害生物和病原体，效果最佳。生石灰清塘主要优点：一是能改良水质清塘后的水 pH 值升高可以中和底泥有机酸，使水中悬浮状的有机质沉淀。二是能改良池塘的土壤。生石灰遇水所产生的氢氧化钙吸收二氧化碳生成碳酸钙沉淀，碳酸钙有疏松淤泥的作用，能改善底泥的通气条件，加速细菌分解有机质，释放出被淤泥吸附的氮、磷、钾等营养盐，增加水的肥度。三是钙本身是绿色植物及动物不可缺少的营养元素。

生石灰清塘，有干塘清塘和带水清塘两种方法。干塘清塘是先排干池水，仅留 5~10cm 深，在池底四周挖几个小坑，将生石灰倒入坑内，使之化开，冷却之前向四周均匀泼洒，第二天用铁耙等工具将淤泥耙动一下，使生石灰充分与淤泥混合，生石灰用量为 50~75kg/亩。带水清塘时，将石灰加水化开，趁热向池内均匀泼洒，水深 1m，每亩用生石灰 125~150kg。生石灰消毒，药性消失需 7 天左右。

#### 3. 漂白粉清塘

漂白粉遇水经一系列反应生成原子态氧，有很强的灭菌和杀死敌害的作用。干塘清塘的用量为每亩 5~10kg，带水清塘时，水深1m，每亩用量13.5kg，相当于水体20ml/L浓度。清塘时把漂白粉加水溶解，立即向池中泼洒，清塘后3~5天便可养鱼。用漂白粉清塘时使用塑料容器溶解漂白粉，工作人员应戴上口罩，在上风泼洒药剂以防止中毒，避免腐蚀衣物。

**4. 生石灰与漂白粉合用清塘**

一般是带水清塘，可减少生石灰用量而清塘效果不减。每亩水深1m时，用漂白粉6.5kg，外加生石灰65~80kg。使用方法与单用生石灰、漂白粉时的方法相同，药性消失需10天左右。

## 三、鱼苗放养

**1. 肥水下塘**

清塘后，鱼苗下塘前1周左右注水50~60cm，立即在池中施放有机肥培养鱼苗的适口性天然饵料，鱼苗入池后便食到充足的天然食料。一般粪肥每亩施300~500kg，或绿肥（大草）300~400kg。为加速肥水，可兼施化学肥料，一般每亩施碳酸氢铵、尿素等4kg，过磷酸钙3~4kg。

**2. 放养密度**

放养密度的确定，必须依据鱼苗、水源、饲料和肥料的来源、鱼苗池条件，饲养技术水平等情况灵活掌握。同一池塘应放养同一批鱼苗，以免成活率下降和出现规格的差异。适宜的放养密度为10万~15万尾/亩。如果养到全长18~20mm（乌子头）时拉网分塘，则放养密度可适当提高，鲢、鳙鱼苗为20万~25万尾/亩，草鱼苗15万~20万尾/亩。

**3. 鱼苗放养的注意事项**

一是清杂。放养鱼苗的前一天，用密眼网具将清塘之后池中繁生的一些有害水生昆虫、蛙卵、蝌蚪和杂鱼等捕出。二是试水。注意清塘药物的药性消失与否。可以用容器取一些池水，放入少量鱼苗，经 7~8h 无异常，证明药性已过，可以放养。三是及时下塘。鱼苗孵出 4~5 天、鳔充气、能够正常平注重的鱼苗，应立即下塘。下塘过早，鱼苗活动能力和摄食能力弱，会沉入水底死亡；太晚，卵囊早已吸收完，鱼苗因没有及时得到食物而消瘦、体质差，也会降低成活率。四是注意水温与风向。装鱼苗容器的水温与池塘水温的差值低于 3℃ 时应调节容器中的水温，使其接近池水温度。放鱼苗的地点应选择在上风处，若在下风处放，鱼苗容易被风吹到池边致死，风大最好不放苗。

## 四、饲养管理

主要养殖鱼类的鱼苗阶段是以浮游动物为食，饲养方法一般都以施有机肥为主，补充投喂人工饵料为辅。在鱼苗长到体长 20mm，主要是施有机肥料来繁殖浮游动物；后期则除施肥之外，对草、鲤等增加投喂人工饲料，以适应它们食性转化的需要。有机肥料培育天然饵料生物来饲养鱼苗的关键是施肥与注水相结合来控制水质的肥度，一方面保持良好的水质；另一方保证有足够的饵料生物。

### 1. 大草培育法

大草泛指各种无毒且茎叶柔嫩的植物。方法是在池边浅水里堆放大草，每堆 150kg 左右，晴天时，经 2~3 天，草料腐烂分解，使水色呈褐绿色，后每隔 1~2 天翻动草堆一次，使养分扩散，7~10 天之后，将残渣捞出。鲢、鳙鱼苗的池塘水质要求肥一些，每 10 万尾鱼约需大草 1 300kg，草鱼池的水质要求稍瘦，投草量可少些。如果大草不足，可多喂些花生粕、米糠、麦麸等，用量为每天每亩 1.5~2.5kg。大草培育鱼苗的优点是肥料来源广、成本低、操作简便、肥水作用强等，缺点是水质肥度不易掌握、池中大草堆沤溶氧低。

**2. 豆浆培育法**

将干黄豆先加水浸泡，水温 25℃ 左右时，浸泡 5~7h 即可。1.5kg 黄豆可以磨成 25kg 豆浆。磨豆浆时，水和黄豆必须一起加入匀磨，不能在磨成豆浆之后再掺水。磨好的豆浆应立即投喂，若停留时间在半小时以上便会产生沉淀。投喂豆浆必须泼洒均匀，少量多次，尽量使鱼苗吃到豆浆。每天泼洒2~3 次，每亩每天需 3~4kg，5 天之后增加到 5~6kg 黄豆。下塘 10 天之后，适口的大型枝角类开始减少，应及时增投粉料补充营养。

**3. 综合培育法**

豆浆与有机肥料混合效果显著，其培育法的要点是：肥水下塘，下塘后每天每亩投喂 2~3kg 豆浆。每 3~5 天每亩施有机肥 150~200kg。草鱼长到 20mm 左右时，可增加投喂浮萍。

## 五、日常管理

**1. 分期注水**

鱼苗下塘时水深一般是 50~70cm，浅水水温提高较快，能加速有机肥的分解，有利于培育天然饵料生物，浅水也使投喂的豆浆利用率较高。每隔 3~5 天注水 1 次，每农使水位提高 15~20cm，鱼苗培育期间需加水 3~4 次。注水时要在进口加密网阻拦，以防野杂鱼和其他敌害随水进入。注意控制流速，不致冲起池底淤泥搅浑池水。

**2. 巡塘**

巡塘的内容是观察鱼的活动情况、水色、水质变化情况，目的是及时发现问题采取相应措施。巡塘一般在早晨、中午和傍晚 3 次进行。早晨巡塘主要是观察鱼苗有无浮头现象。若发现鱼苗出现严重浮头，必须立即加注新水补救、抢救，并减少甚至控制施肥投饲。巡塘时还要注意鱼病情况。如果有鱼离群，身体发黑，沿池边缓慢游动，要马上捞出检查，确定病因，采取必要的防治措施。鱼病严重时，要少投饲、施肥，甚至停止投饲、施肥，甚至停止投饲施肥。巡塘时应随时捞动杂草、脏物、蛙卵、蝌蚪等。

**3. 拉网锻炼**

夏花鱼种出塘前要进行拉网锻炼，目的是增强夏花鱼种的体质，提高运输过程中的成活率。拉网使鱼受惊动，运动量增大，肌肉更加结实；密集之后鱼种分泌黏液增加，排出粪便，增加耐缺氧的适应力，有利于提高分池后和运输过程的成活率。

## 六、鱼种培育

夏花经 60~90 天时间饲养，成为 1 龄鱼种。

### （一）鱼种放养

（1）放养鱼种前的准备工作。主要工作是清整池塘和施基肥。水深要达到 1.3~2m，面积一般为 2~5 亩，清塘方法与鱼苗池的清塘方法相同。

（2）放养密度的确定。一般每亩放养量在 2 万~3 万尾。

（3）混养搭配。混养的原则是根据不同食性、不同活动水层的鱼，同时考虑池塘的具体条件来决定。饲养夏花鱼种，一般以两种混养，不超过 5 种混养为好。搭配混养得当，能彼此互利，提高鱼池的利用率，提高鱼产量。

### （二）饲养管理

（1）投饵施肥。单靠天然饵料无法满足鱼种生长需要，必须投喂人工饲料。

（2）日常管理。一是巡塘。每天早晨巡塘一次即可，主要是观察水色和鱼的动态。中午、晚上结合投饵、清理食台等巡塘。二是防逃。雨季时注意池塘中水位上涨情况，注意排水口的拦鱼设施。三是防病治病。根据巡塘观察的结果，及时采取预防措施。每半月用 0.25~0.5kg 漂白粉对食物及附近区域消毒 1 次。四是适时注水。鱼种培育期间至少应加注新水 4~5 次。水源方便的池塘要增加注水的次数。注水时要在进水口加密网阻拦，以防野杂鱼和其他敌害随水进入。

### （三）鱼苗、鱼种运输

提高运输成活率的关键是掌握合理的密度和运输时间。一是可以不间断向装运鱼苗（种）的容器内输入氧气和空气。二是控制水温。温度降低，鱼的耗氧量下降，运输初孵的鱼苗水温不能低于 18℃。三是运输用水必须清新，有机物和浮游生物含量低，中性微碱，不含有毒有害物。最好使用河、湖、水库的天然水。自来水必须经除氯处理才能使用。

## 第二节　水产生态养殖

众所周知，使用化学药品，除会造成病原体产生抗药性和污染水域环境外，还会杀害水中有益微生物，造成微生态失调。资源节约型、环境友好型、食品安全，是未来渔业发展的方向，而构建一个健康、绿色、安全的水环境是基础。水产生态养殖既能充分利用自然资源，又能保护水环境、减少病害的发生、保证水产品的质量。

### 一、水产生态养殖思路

#### 1. 控制养殖规模

养殖水域的容量是有限的，若不顾及区域生态环境的承载力，盲目扩大养殖规模，只能使水域的生态平衡遭到破坏，导致产量降低、病害加重、质量下降，必须将养殖规模控制在水域环境的负荷力范围内。

**2. 规范渔药使用**

由于病害频发，导致渔药的滥用，不但污染了水质，也使养殖对象体内药残超标，影响了产品质量。为此，应从以下几方面抓起：一是科学用药，使用绿色水产药物；二是认识水产动物疾病及其特征，对症用药；三是了解药物性状和作用，掌握环境对药物的影响以及水产动物对药物的反应特点，合理用药；四是坚持预防为主的方针，有效用药。

**3. 使用健康饲料**

目前饲料生产厂家众多，渔用饲料市场比较混乱。饲料生产过程中使用不当原料和盲目添加抗生素、促生长剂等情况严重，养殖过程中因投喂劣质饲料导致养殖对象发育不良甚至死亡的现象时有发生。建议养殖户使用知名度高的品牌饲料。

**4. 选用优质苗种**

苗种的好坏直接关系到产品的质量。有些苗种场被暂时的经济利益所驱动，只追求苗种的产量，苗种质量得不到保证，导致养殖种类出现生长缓慢、个体小型化、性成熟早、易生病、成活率低等遗传衰退现象。有的在育苗过程中大量使用抗生素等药物，导致苗种体质弱、抗逆性差，出池后很难适应室外的水域环境，引起大量死亡。

## 二、微生态制剂在水产养殖中的应用

微生态制剂是一种人工提取和培养的菌群，广泛应用于养殖业。

**1. 作用**

一是扩大饲料来源，降低生产成本。微生态制剂在发酵过程中会产生大量的微生物酶，能分解饲料中的粗纤维，使其适口性、营养含量、消化率都能满足动物饲料的要求。二是增强抗病力，提高成活率。在基础饲料中添加微生态制剂，通过鱼类的摄食，进入肠道内的微生态制剂形成有益优势菌群，调节机体微生态平衡，促进新陈代谢，改善细胞组成成分和膜的流动性，提高品种的抗病力。三是改善水质，促进生长。水产养殖过程中，大量投入人工饲料，各种残饵和排泄物常会引起水质的恶化，产生大量氨气，造成鱼塘环境污染和增加鱼病发生。而喂添加微生态制剂的饵料时，减少了肠道蛋白质向氨和胺转化，减轻水中 $NH_3$ 和有机质的污染，水质相对较清。池塘泼洒微生态制剂后，有益微生物菌群分解、合成或转化水中的有害物质，从而调节和净化水质。

**2. 用法**

一是喷洒饵料。按饵料量的 0.2% 将微生态制剂液体直接喷洒入饵料，边喷洒边搅拌，拌匀后即可投喂。二是泼洒水体。鱼种放养前，每亩水面用微生态制剂菌液 5~8kg，稀释 50 倍液全池泼洒。放养后每月用 3~5 次，每次每亩用微生态制剂菌液 1kg 全池泼洒。当发生泛塘现象时用 2.5~3kg 的微生态制剂稀释液全池均匀泼洒，3~5 天即可恢复正常。使用微生态制剂时，不要使用抗生素、农药等，以防产生逆变，影响效果。

# 第三节　水产动物疫病防治

## 一、防病应把好几关

一是苗种关。购苗投苗时选择外观色泽鲜艳、游动力强、规格整齐的苗种。二是清塘关。认真并尽量彻底清塘，不同的养殖对象有不同的清塘办法或技术。三是饵料关。切忌投喂腐败变质的饲料，投料少量多次，尽量减少残饵。四是水质关。水质既能间接又会直接影响发病。

## 二、池鱼泛塘的防治

池塘养鱼在 5—10 月容易发生缺氧浮头现象，稍有疏忽，便会引起严重浮头和泛塘。

### 1. 池塘缺氧的主要因素

池塘中鱼放养密度过大，水中氧气供不应求。天气闷热、气压低，空气不流通，使空气中氧气不能溶解到水中。雷阵雨来时，池中表面水层和池底水层温差较大，引起池水上下对流，池底的腐败物也随之翻起，加快分解，消耗氧气，造成缺氧。饲料和肥料投入过多，造成水质太肥，浮游生物大量系列，耗费水中氧气。

### 2. 判断池鱼泛塘的方法

一是看天气。天气闷热、阴雨，无风或刮西北风、西南风（指在夏秋季），表示气温高，气压低，水中溶氧少，水质易恶化，鱼类容易浮头。二是看食场。鱼类无病而吃食量忽然减少，表明水中缺氧，鱼可能出现浮头。三是看鱼的活动情况。鱼类群集水体上层，散乱游动，并可见到阵阵水花，说明水的深层已缺氧，这种现象称为"暗浮头"。四是看水色。水质过浓，水色忽变，透明度变小，说明在"转水"，浮游生物大量死亡分解，不仅消耗大量氧，还可产生大量有毒物质而引起严重浮头。

### 3. 预防池鱼浮头方法

一般浮头多发生在水质变浓、刮大风、连绵阴雨天，只要及时加注新水，即可控制。暗浮头多发生在春末夏初，因水温较低，一般浮头不重，不易发觉，鱼类体质弱，对环境适应力差，如不及时注水预防，易发生鱼病而死亡，养鱼户称为"冷瘟"，应加强巡塘，及时注水或开动增氧机增氧。严重浮头多发生在夏秋高温季节，由于气温变化引起水比重变化而上下水层急速对流，或水质的恶变，使整个池水含氧量迅速下降，其中，还可能伴随有毒物质如硫化氢等从底层上升，促使池鱼严重浮头。应采取紧急措施及时注水或开动增氧机，增加池水的溶氧。

# 第七章　畜禽绿色生态养殖技术

## 第一节　鸡的规模化养殖

### 一、蛋鸡的饲养管理

#### （一）雏鸡的饲养管理

育雏是一项细致的工作，要养好雏鸡应做到眼勤、手勤、腿勤、科学思考。

（1）观察鸡群状况。要养好雏鸡，学会善于观察鸡群至关重要，通过观察雏鸡的采食、饮水、运动、睡眠及粪便等情况，及时了解饲料搭配是否合理，雏鸡健康状况如何，温度是否适宜等。

观察采食、饮水情况主要在早晚进行，健康鸡食欲旺盛，晚上检查时嗉囊饱满，早晨喂料前嗉囊空，饮水量正常。如果发现雏鸡食欲下降，剩料较多，饮水量增加，则可能是舍内温度过高，要及时调温，如无其他原因，应考虑是否患病。

观察粪便要在早晨进行。若粪便稀，可能是饮水过多、消化不良或受凉所致，应检查舍内温度和饲料状况；若排出红色或带肉质黏膜的粪便，是球虫病的症状；如排出白色稀粪，且黏于泄殖腔周围，一般是白痢。

（2）定期称重。为了掌握雏鸡的发育情况，应定期随机抽测5%左右的雏鸡体重与本品种标准体重比较，如果有明显差别时，应及时修订饲养管理措施。

①开食前称重。雏鸡进入育雏舍后，随机抽样 50~100 只逐只称重，以了解平均体重和体重的变异系数，为确定育雏温度、湿度提供依据。如体重过小，是由于雏鸡从出壳到进入育雏舍间隔时间过长所造成的，应及早饮水，开食；如果是由于种蛋过小造成的，则应有意识地提高育雏温度和湿度，适当提高饲料营养水平，管理上更加细致。

②育雏期称重。为了了解雏鸡体重发育情况，应于每周末随机抽测 50~100 只鸡的体重，并将称重结果与本品种标准体重对照，若低于标准很多，应认真分析原因，必要时进行矫正。矫正的方法是：在以后的 3 周内慢慢加料，以达到正常值为止，一般的基准为 1g 饲料可增加 1g 体重，例如，低于标准体重 25g，则应在 3 周内使料量增加 25g。

（3）适时断喙。由于鸡的上喙有一个小弯弧，这样在采食时容易把饲料刨在槽外，造成饲料浪费。当育雏温度过高，鸡舍内通风换气不良，鸡饲料营养成分不平衡，如缺乏某种矿物元素或蛋白质水平过低，鸡群密度过大，光照过强等，都会引起鸡只之间相互啄羽、啄肛、啄趾或啄裸露部分，形成啄癖。啄癖一旦发生，鸡群会骚动不安，死淘率明显上升。如不采取有效措施，将对生产造成巨大损失。在生产中，一般针对啄癖产生的原因，改变饲料配方，减弱光照强度，变换光色（如红光可有效防止啄癖），改善通风换气条件，疏散密度等来避免啄癖继续发生，而且可减少饲料浪费。所以，在现代养鸡生产中，特别是笼养鸡群，必须断喙。

断喙适宜时间为 7~10 日龄，这时雏鸡耐受力比初生雏要强得多，体重不大，便于操作。断喙使用的工具最好是专用断喙器，它有自动式和人工式两种。在生产中，由于自动式断喙器尽管速度快，但精确度不高，所以，多采用人工式。如没有断喙器，也可用电烙铁或烧烫的刀片切烙。

断喙器的工作温度按鸡的大小、喙的坚硬程度调整，7～10日龄的雏鸡，刀片温度达到700℃较适宜，这时，可见刀片中间部分发出樱桃红色，这样的温度可及时止血，不致破坏喙组织。

断喙时，左手握住雏鸡，右手拇指与食指压住鸡头，将喙插入刀孔，切去上喙1/2，下喙1/3，做到上短下长，切后在刀片上灼烙2～3s，以利止血。

断喙时雏鸡的应激较大，所以，在断喙前，要检查鸡群健康状况，健康状况不佳或有其他反常情况，均不宜断喙。此外，在断喙前可加喂维生素K。断喙后要细致管理，增加喂料量，不能使槽中饲料见底。

（4）密度的调整。密度即单位面积能容纳的雏鸡数量。密度过大，鸡群采食时相互挤压，采食不均匀，雏鸡的大小也不均匀，生长发育受到影响；密度过小，设备及空间的利用率低，生产成本高。所以，饲养密度必须适宜。

（5）及时分群。通过称重可以了解平均体重和鸡群的整齐度情况。鸡群的整齐度用均匀度表示。即用进入平均体重±10%范围内的鸡数占总测鸡数的百分比来表示。均匀度大于80%，则认为整齐度好，若小于70%则认为整齐度差。为了提高鸡群的整齐度，应按体重大小分群饲养。可结合断喙、疫苗接种及转群进行，分群时，将过小或过重的鸡挑出单独饲养，使体重小的尽快赶上中等体重的鸡，体重过大的，通过限制饲养，使体重降到标准体重。这样就可提高鸡群的整齐度。逐个称重分群，费时费力，可根据雏鸡羽毛生长情况来判断体重大小，进行分群。

（二）育成鸡的饲养管理

育成鸡一般是指7～18周龄的鸡。育成期的培育目标是鸡的体重体型符合本品种或品系的要求；群体整齐，均匀度在80%以上；性成熟一致，符合正常的生长曲线；良好的健康状况，适时开产，在产蛋期发挥其遗传因素所赋予的生产性能，育成率应达94%~96%。

1. 入舍初期管理

从雏鸡舍转入育成舍之前，育成鸡舍的设备必须彻底清扫、冲洗和消毒，在熏蒸消毒后，密闭空置3~5天后进行转群。转入初期必须做如下工作。

（1）临时增加光照。转群第一天应24h供光，同时在转群前做到水、料齐备，环境条件适宜，使育成鸡进入新鸡舍能迅速熟悉新环境，尽量减少因转群对鸡造成的应激反应。

（2）补充舍温。如在寒冷季节转群，舍温低时，应给予补充舍内温度，补到与转群前温度相近或高1℃左右。这一点，对平养育成鸡更为重要。否则，鸡群会因寒冷拥挤起堆，引起部分被压鸡窒息死亡。如果转入育成笼，每小笼鸡数量少，舍温在18℃以上时，则不必补温。

（3）整理鸡群。转入育成舍后，要检查每笼的鸡数，多则提出，少则补入，使每笼鸡数符合饲养密度要求，同时清点鸡数，便于管理。在清点时，可将体小、伤残、发育差的鸡捉出另行饲养或处理。

（4）换料。从育雏期到育成期，饲料的更换是一个很大的转折。雏鸡料和育成料在营养成分上有很大差别，转入育成鸡舍后不能突然换料，而应有一个适应过程，一般以1周的时间为宜。从第7周龄的第1~2天，用2/3的育雏料和1/3的育成料混合喂给；第3~4天，用1/2的育雏料和1/2的育成料混合喂给；第5~6天，用1/3的育雏料和2/3的育成料混合喂给，以后喂给育成料。

2. 日常管理

日常管理是养鸡生产的常规性工作，必须认真、仔细地完成，这样才能保证鸡体的正常生长发育，提高鸡群的整齐度。

（1）做好卫生防疫工作。为了保证鸡群健康发育，防止疾病发生，除按期接种疫苗，预防性投药、驱虫外，要加强日常卫生管理，经常清扫鸡舍，更换垫料，加强通风换气，疏散密度，严格消毒等。

（2）仔细观察，精心看护。每日仔细观察鸡群的采食、饮水、排粪、精神状态、外观表现等，发现问题及时解决。

（3）保持环境安静稳定，尽量减缓或避免应激。由于生殖器官的发育，特别是在育成后期，鸡对环境变化的反应很敏感，在日常管理上应尽量减少干扰，保持环境安静，防止噪声，不要经常变动饲料配方和饲养人员，每天的工作程序更不能变动。调整饲料配方时要逐渐进行，一般应有一周的过渡期。断喙、接种疫苗、驱虫等必须执行的技术措施要谨慎安排，最好不转群，少抓鸡。

（4）保持适宜的密度。适宜的密度不仅增加了鸡的运动机会，还可以促进育成鸡骨骼、肌肉和内部器官的发育，从而增强体质。网上平养时一般每平方米 10~12 只，笼养条件下，按笼底面积计算，比较适宜的密度为每平方米 15~16 只。

（5）定期称测体重和体尺，控制均匀度。育成期的体重和体况与产蛋阶段的生产性能具有较大的相关性，育成期体重可直接影响开产日龄、产蛋量、蛋重、蛋料比及产蛋高峰持续期。体型是指鸡骨骼系统的发育，骨骼宽大，意味着母鸡中后期产蛋的潜力大。饲养管理不当，易导致鸡的体型发育与骨骼发育失衡。鸡的胫长可表明鸡体骨骼发育程度，所以通过测量胫长长度可反映出体格发育情况。

为了掌握鸡群的生长发育情况，应定期随机抽测 5%~

10%的育成鸡体重和胫长，与本品种标准比较，如发现有较大差别时，应及时修订饲养管理措施，为培育出健壮、高产的新母鸡提供参考依据，实行科学饲养。

（6）淘汰病、弱鸡。为了使鸡群整齐一致，保证鸡群健康整齐，必须注意及时淘汰病、弱鸡，除平时淘汰外，在育成期要集中两次挑选和淘汰。第一次是在 8 周龄前后，选留发育好的，淘汰发育不全、过于弱小或有残疾的鸡。第二次是在 17~18 周龄，结合转群时进行，挑选外貌结构良好的，淘汰不符合本品种特征和过于消瘦的个体，断喙不良的鸡在转群时也应重新修整。同时还应配有专人计数。

（7）做好日常工作记录。

**（三）产蛋鸡的饲养管理**

产蛋鸡一般是指 19~72 周龄的鸡。产蛋阶段的饲养任务是最大限度地消除、减少各种应激对蛋鸡的有害影响，为产蛋鸡提供最有益于健康和产蛋的环境，使鸡群充分发挥生产性能，从而达到最佳的经济效益。

1. 观察鸡群

观察鸡群是蛋鸡饲养管理过程中既普遍又重要的工作。通过观察鸡群，及时掌握鸡群动态，以便于有效地采取措施，保证鸡群的高产稳产。

（1）清晨开灯后，观察鸡群的健康状况和粪便情况。健康鸡羽毛紧凑，冠脸红润，活泼好动，反应灵敏，越是产蛋高的鸡群，越活泼。健康鸡的粪便盘曲而干，有一定形状，呈褐色，上面有白色的尿酸盐附着。同时，要挑出病死鸡，及时交给兽医人员处理。

（2）在喂料给水时，要注意观察料槽和水槽的结构和数量是否适合鸡的采食和饮水。查看鸡的采食饮水情况，健康鸡采食饮水比较积极，要及时挑出不采食的鸡。

（3）及时挑出有啄癖的鸡。由于营养不全面，密度过大，产蛋阶段光线太强或其他鸡脱肛等原因，均可引起个别鸡产生啄癖，这种鸡一经发现应立即抓出淘汰。

（4）及时挑出脱肛的鸡。由于光照增加过快或鸡蛋过大，从而引起鸡脱肛或子宫脱出，及时挑出进行有效处理，即可治好。否则，会被其他鸡啄死。

（5）仔细观察，及时挑出开产过迟的鸡和开产不久就换羽的鸡。

（6）夜间关灯后，首先将跑出笼外的鸡抓回，然后倾听鸡群动静，是否有呼噜、咳嗽、打喷嚏和甩鼻的声音，发现异常，应及时上报技术人员。

2. 定时喂料

产蛋鸡消化力强，食欲旺盛，每天喂料以三次为宜：第一次6时30分到7时30分；第二次11时30分到12时；第三次18时30分到19时30分，三次的喂料量分别占全天喂料量的30%、30%和40%。也可将1天的总料量于早晚两次喂完，晚上喂的应在早上喂料时还有少许余料量，早上喂的料量应在晚上喂料时基本吃完。1天喂两次料时，每天要匀料3~4次，以刺激鸡采食。应定期补喂沙砾，每100只鸡，每周补喂250~350g沙砾。沙砾必须是不溶性砂，大小以能吃进为宜。每次沙砾的喂量应在1天内喂完。不要无限量的喂沙砾，否则会引起硬嗉症。

3. 饲养人员要按时完成各项工作

开灯、关灯、给水、拣蛋、清粪、消毒等日常工作，都要按规定、保质保量地完成。

每天必须清洗水槽，喂料时要检查饲料是否正常，有无异味、霉变等。要注意早晨一定让鸡吃饱，否则会因上午产蛋而影响采食量，关灯前，让鸡吃饱，不致使鸡空腹过夜。

及时清粪，保证鸡舍内环境优良。定期消毒，做好鸡舍内的卫生工作，有条件时，最好每周2次带鸡消毒，使鸡群有一个干净卫生的环境，从而使其健康得以保证，充分发挥其生产性能。

4. 拣蛋

及时拣蛋，给鸡创造一个无蛋环境，可以提高鸡的产蛋率。鸡产蛋的高峰一般在日出后的3~4h，下午产蛋量占全天产蛋量的20%~30%，生产中应根据产蛋时间和产蛋量及时拣蛋，一般每天应拣蛋2~3次。

5. 减少各种应激

产蛋鸡对环境的变化非常敏感，尤其是轻型蛋鸡。任何环境条件的突然改变都能引起强烈的应激反应。如高声喊叫、车辆鸣号、燃放鞭炮等，以及抓鸡转群、免疫、断喙、光照强度的改变、新奇的颜色等都能引起鸡群的惊恐而发生强烈的应激反应。

产蛋鸡的应激反应，突出表现为食欲不振，产蛋下降，产软蛋，有时还会引起其他疾病的发生，严重时可导致内脏出血而死亡。因此，必须尽可能减少应激，给鸡群创造良好的生产环境。

6. 做好记录

通过对日常管理活动中的死亡数、产蛋数、产蛋量、产蛋率、蛋重、料耗、舍温、饮水等实际情况的记载，可以反映鸡群的实际生产动态和日常活动的各种情况，可以了解生产，指导生产。所以，要想管理好鸡群，就必须做好鸡群的生产记录工作。也可以通过每批鸡生产情况的汇总，绘制成各种图表，与以往生产情况进行对比，以免在今后的生产中再出现同样的问题。

7. 减少饲料浪费

可采取以下措施：加料时，不超过料槽容量的 1/3；及时淘汰低产鸡、停产鸡；做好匀料工作；使用全价饲料，注意饲料质量，不喂发霉变质的饲料；产蛋后期对鸡进行限饲；提高饲养员的责任心。

## 二、肉鸡的饲养管理

### （一）肉仔鸡的饲养管理

1. 重视后期育肥

肉仔鸡生长后期脂肪的沉积能力增强，因此应在饲料中增加能量含量，最好在饲料中添加 3%~5% 的脂肪。在管理上保持安静的生活环境、较暗的光线条件，尽量限制鸡群活动，注意降低饲养密度，保持地面清洁干燥。

2. 添喂沙砾

1~14 天，每 100 只鸡喂给 100g 细沙砾。以后每周 100 只鸡喂给 400g 粗沙砾，或在鸡舍内均匀放置几个沙砾盆，供鸡自由采用，沙砾要求干净、无污染。

3. 适时出栏

肉用仔鸡的特点是，早期生长速度快、饲料利用率高，特别是 6 周龄前更为显著。因此要随时根据市场行情进行成本核算，在有利可盈的情况下，提倡提早出售。目前，我国饲养的肉仔鸡一般在 6 周龄左右，公母混养体重达 2kg 以上，即可出栏。

4. 加强疫病防治

肉鸡生长周期短，饲养密度大，任何疾病一旦发生，都会造成严重损失。因此要制定严格的卫生防疫措施，搞好预防。

（1）实行"全进全出"的饲养制度。在同一场或同一舍内饲养同批同日龄的肉仔鸡，同时出栏，便于统一饲料、光照、防疫等措施的实施。第一批鸡出栏后，留 2 周以上时间彻底打扫消毒鸡舍，以切断病原的循环感染，使疫病减少，死亡率降低。全进全出的饲养制度是现代肉鸡生产必须做到的，也是保证鸡群健康，根除病原的最有效措施。

（2）加强环境卫生，建立严格的卫生消毒制度。搞好肉仔鸡的环境卫生，是养好肉仔鸡的重要保证。鸡舍门口设消毒池，垫料要保持干燥，饲喂用具要经常洗刷消毒，注意饮水消毒和带鸡消毒。

（3）疫苗接种。疫苗接种是预防疾病，特别是预防病毒性疾病的重要措施，要根据当地传染病的流行特点，结合本场实际制定合理的免疫程序。最可靠的方法是进行抗体检测，以确定各种疫苗的使用时间。

（4）药物预防。根据本场实际，定期进行预防性投药，以确保鸡群稳定健康。如 1~4 日龄饮水中加抗菌药物（环丙沙星、恩诺沙星），防治脐炎、鸡白痢、慢性呼吸道病等疾病，切断蛋传疾病。17~19 日龄再次用以上药物饮水 3 天，为防止产生抗药性，可添加磺胺增效剂。15 日龄后地面平养鸡，应注意球虫病的预防。

**（二）肉种鸡的饲养管理**

现代肉鸡育种以提高肉用性能为中心，以提高增重速度为重点，育成的肉用鸡种体型大，肌肉发达，采食量大，饲养过程中易发生过肥或超重，使正常的生殖机能受到抑制，表现为产蛋减少、腿病增多、种蛋受精率降低，使肉种鸡自身的特点和肉种鸡饲养者所追求的目的不一致。解决肉种鸡产肉性能与产蛋任务的矛盾，重点是保持其生长和产蛋期的适宜体重，防止体重过大或过肥。所以，发挥限制饲养技术的调控作用，就成为饲养肉种鸡的关键。

1. 体重控制

在保证肉用种公鸡营养需要量的同时应控制其体重，以保持品种应有的体重标准。在育成期必须进行限制饲喂，从 15 周龄开始，种公鸡的饲养目标就是让种公鸡按照体重标准曲线生长发育，并与种母鸡一道均匀协调地达到性成熟。混群前每周至少一次、混群后每周至少两次监测种公鸡的体重和周增重。平养种鸡 20~23 周龄公母混群后，监测种公鸡的体重更为困难，一般是在混群前将所挑选的 ±5% 标准体重范围内 20%~30% 的种公鸡做出标记，在抽样称重过程中，仅对做出标记的种公鸡进行称重。根据种公鸡抽样称重的结果确定喂料量的多少。

2. 种公鸡的饲喂

公母混群后，种公鸡和种母鸡应利用其头型大小和鸡冠尺寸之间的差异由不同的饲喂系统进行饲喂，可以有效地控制体重和均匀度。种公鸡常用的饲喂设备有自动盘式喂料器、悬挂式料桶和吊挂式料槽。每次喂完料后，将饲喂器提升到一定高度，避免任何鸡只接触，将次日的料量加入，喂料时再将喂料器放下。必须保证每只种公鸡至少拥有 18cm 的采食位置，并确保饲料分布均匀。采食位置不能过大，以免使一些凶猛的公鸡多吃多占，均匀度变差，造成生产性能下降。随着种公鸡数量的减少，其饲喂器数量也应相应减少。经证明，悬挂式料桶特别适合饲喂种公鸡，料槽内的饲料用手匀平，确保每一只种公鸡吃到同样多的饲料。应先喂种母鸡料，后喂种公鸡料，有利于公母分饲。要注意调节种母鸡喂料器格栅的宽度、高度和精确度，检查喂料器状况，防止种公鸡从种母鸡喂料器中偷料，否则种公鸡的体重难以控制。

# 第二节　鸭的规模化养殖

## 一、雏鸭的饲养管理

0~4周龄的鸭称为雏鸭。雏鸭绒毛稀短，体温调节能力差；体质弱，适应周围环境能力差；生长发育快，消化能力差；抗病力差，易得病死亡。雏鸭饲养管理的好坏不仅关系雏鸭的生长发育和成活率，还会影响鸭场内鸭群的更新和发展、鸭群以后的产蛋率和健康状况。

### （一）及时分群，严防堆压

雏鸭在"开水"前，应根据出雏的迟早、强弱分开饲养。笼养的雏鸭，将弱雏放在笼的上层、温度较高的地方。平养的要将强雏放在育雏室的近门口处，弱雏放在鸭舍中温度最高处。第二次分群是在吃料后3天左右，将吃料少或不吃料的放在一起饲养，适当增加饲喂次数，比其他雏鸭的环境温度提高1~2℃。对患病的雏鸭要单独饲养或淘汰。以后可根据雏鸭的体重来分群，每周随机抽取5%~10%的雏鸭称重，未达到标准的要适当增加饲喂量，超过标准的要适当减少饲喂量。

### （二）从小调教下水，逐步锻炼放牧

下水要从小开始训练，千万不要因为小鸭怕冷、胆小、怕下水而停止。开始1~5天，可以与小鸭"点水"（有的称"潮水"）结合起来，即在鸭篓内"点水"，第5天起，就可以自由下水活动了。注意每次下水上来，都要让它在无风温暖的地方梳理羽毛，使身上的湿毛尽快干燥，千万不可带着湿毛入窝休息。下水活动，夏季不能在中午烈日下进行，冬季不能

在阴冷的早晚进行。

5日龄以后，即雏鸭能够自由下水活动时，就可以开始放牧。开始放牧宜在鸭舍周围，适应以后，可慢慢延长放牧路线，选择理想的放牧环境，如水稻田、浅水河沟或湖塘，种植荸荠、芋艿的水田，种植莲藕、慈姑的浅水池塘等。放牧的时间要由短到长，逐步锻炼。放牧的次数也不能太多，雏鸭阶段，每天上午、下午各放牧一次，中午休息。每次放牧的时间，开始时20~30min，以后慢慢延长，但不要超过1.5h。雏鸭放牧水稻田后，要到清水中游洗一下，然后上岸理毛休息。

### (三) 搞好清洁卫生，保持圈窝干燥

随着雏鸭日龄增大，排泄物不断增多，鸭篓和圈窝极易潮湿、污秽，这种环境会使雏鸭绒毛沾湿、弄脏，并有利于病原微生物繁殖，必须及时打扫干净，勤换垫草，保持篓内和圈窝内干燥清洁。换下的垫草要经过翻晒晾干，方能再用。育雏舍周围的环境，也要经常打扫，四周的排水沟必须畅通，以保持干燥、清洁、卫生的良好环境。

### (四) 建立稳定的管理程序

蛋鸭具有集体生活的习性，合群性很强，神经类型较敏感，其各种行为要在雏鸭阶段开始培养。例如，饮水、吃料、下水游泳、上岸理毛、入圈歇息等，都要定时、定地，每天有固定的一整套管理程序，形成习惯后，不要轻易改变，如果改变，也要逐步进行。饲料品种和调制方法的改变也如此。

## 二、育成鸭的饲养管理

育成鸭一般指5~16周龄的青年鸭。育成鸭饲养管理的好坏，直接影响产蛋鸭的生产性能和种鸭的种用价值。育成鸭具有生长发育快、羽毛生长速度快、器官发育快、适应性强等特

点。育成阶段要特别注意控制生长速度和群体均匀度、体重和开产日龄，使蛋鸭适时达到性成熟，在理想的开产日龄开产，迅速达到产蛋高峰，充分发挥其生产潜力。

育成鸭的整个饲养过程均在鸭舍内进行，称为圈养或关养。圈养鸭不受季节、气候、环境和饲料的影响，能够降低传染病的发病率，还可提高劳动效率。

### (一) 加强运动

鸭在圈养条件下适当增加运动可以促进育成鸭骨骼和肌肉的发育，增强体质，防止过肥。冬季气温过低时每天要定时驱赶鸭在舍内做转圈运动。一般天气，每天让鸭群在运动场活动两次，每次 $1 \sim 1.5h$；鸭舍附近若有放牧的场地，可以定时进行短距离的放牧活动。每天上午、下午各 2 次，定期驱赶鸭子下水运动 1 次，每次 $10 \sim 20min$。

### (二) 提高鸭对环境的适应性

在育成鸭时期，利用喂料、喂水、换草等机会，多与鸭群接触。如喂料的时候，人可以站在旁边，观察采食情况，让鸭子在自己的身边走动，遇有"娇鸭"静伏在身旁时，可用手抚摸，久而久之，鸭就不会怕人，也提高了鸭子对环境的适应能力。

### (三) 控制好光照

舍内通宵点灯，弱光照明。育成鸭培育期，不用强光照明，要求每天标准的光照时间稳定在 $8 \sim 10h$，在开产以前不宜增加。如利用自然光照，以下半年培育的秋鸭最为合适。但是，为了便于鸭子夜间饮水，防止因老鼠或鸟兽走动时惊群，舍内应通宵弱光照明。如 $30m^2$ 的鸭舍，可以安装一盏 15W 灯泡，遇到停电时，应立即点上有玻璃罩的煤油灯（马灯）。长期处于弱光通宵照明的鸭群，一遇突然黑暗的环境，常引起严重惊群，造成很大伤亡。

**（四）加强传染病的预防工作**

育成鸭时期的主要传染病有两种：一是鸭瘟，一是禽霍乱。免疫程序：60~70日龄，注射一次禽霍乱菌苗；100日龄前后，再注射一次禽霍乱菌苗。70~80日龄，注射一次鸭瘟弱毒疫苗。对于只养一年的蛋鸭，注射一次即可；利用两年以上的蛋鸭，隔一年再预防注射一次。这两种传染病的预防注射，都要在开产以前完成，进入产蛋高峰后，尽可能避免捉鸭打针，以免影响产蛋。以上方法也适用于放牧鸭。

**（五）建立一套稳定的作息制度**

圈养鸭的生活环境比放牧鸭稳定，要根据鸭子的生活习性，定时作息，制订操作规程。形成作息制度后，尽量保持稳定，不要经常变更。

**（六）选择与淘汰**

当鸭群达到16周龄的时候可以对鸭群进行一次选择，将有严重病、弱、残的个体淘汰，因为这些鸭性成熟晚、产蛋率低、容易死亡或成为鸭群内疾病的传播者。如果是将来作种鸭的，不仅要求选留的个体要健康、体况发育良好，而且体型、羽毛颜色、脚蹼颜色要符合品种或品系标准。

## 三、蛋鸭的饲养管理

母鸭从开始产蛋到淘汰（17~72周龄）称为产蛋鸭。

**（一）饲养**

1. 饲料配制

圈养产蛋母鸭，饲料可按下列比例配给：玉米粉40%、麦粉25%、糠麸10%、豆饼15%、鱼粉6.2%、骨粉3.5%、食盐 0.3%，另外，还应补充多种维生素和微量元素添加剂。也可以根据养鸭户的能力和条件做一些替换饲料，如缺少鱼粉，可捕捞小杂鱼、小虾和蜗牛等饲喂，可以生喂，也可以煮熟后拌在饲料中喂。饲料不能拌得太黏，达到不沾嘴的程度就可以。食盆和水槽应放在干燥的地方，每天要刷洗一次。每天要保证供给鸭充足的饮水，同时在圈舍内放一个沙盆，准备足够、干净的沙子，让母鸭随便吃。

2. 饲喂次数及饲养密度

饲养中注意不要让母鸭长得过肥，因为肥鸭产蛋少或不产蛋。但是，也要防止母鸭过瘦，过瘦也不产蛋。每天要定时喂食，母鸭产蛋率不足 30% 时，每天应喂料 3 次；产蛋率在30%~50% 时，每天应喂料 4 次；产蛋率在 50% 以上时，每天喂料 5 次。鸭夜间每次醒来，大多都会去吃料或去喝水。因此，对产蛋母鸭在夜间一定要喂料 1 次。对产蛋的母鸭要尽量少喂或者不喂稻糠、酒糟之类的饲料。在圈舍内饲养母鸭，饲养的数量不能过多，每平方米 6 只较适宜，如有 30m² 的房子，可以养产蛋鸭 180 只左右。

（二）圈舍的环境控制

圈舍内的温度要求在 10~18℃。0℃ 以下母鸭的产蛋量就会大量减少，到 -4℃ 时，母鸭就会停止产蛋。当温度上升到28℃ 以上时，由于气温过热，鸭吃食减少，产蛋也会减少，并会停止产蛋，开始换羽。因此，温度管理的重点是冬天防寒，夏天防暑。在寒冷地区的冬天，产蛋母鸭圈舍内要烧火炉取暖，以提高舍内温度。要给母鸭喝温水，喂温热的料，增加青绿饲料，如白菜等，以保证母鸭的营养需要。另外，要减少母鸭在室外运动场停留的时间。夏季天气炎热时，要将鸭圈的前后窗户打开，降低鸭舍内的温度，同时要保持鸭圈舍内的干燥，不能向地面洒水。

### (三) 不同阶段的管理

1. 产蛋初期（开产至 200 日龄）和前期（201～300 日龄）

不断提高饲料质量，增加饲喂次数，每日喂 4 次，每日每只 150g 料。光照逐渐加至 16h。本期内蛋重增加，产蛋率上升，体重要维持开产时的标准，不能降低，也不能增加。要注意蛋鸭初产习性的调教。设置产蛋箱，每天放入新鲜干燥的垫草，并放鸭蛋作"引蛋"，晚上将产蛋箱打开。为防止蛋鸭晚间产蛋时受伤害，舍内应安装低功率节能灯照明。这样经过 10 天左右的调教，绝大多数鸭便去产蛋箱产蛋。

2. 产蛋中期（301～400 日龄）

此期内的鸭群因已进入高峰期而且持续产蛋 100 多天，体力消耗较大，对环境条件的变化敏感，如不精心饲养管理，难以保持高产蛋率，甚至引起换羽停产，因而这也是蛋鸭最难养的阶段。此期内日粮中的粗蛋白质水平比产蛋前期要高，达20%；并特别注意钙的添加，日粮含钙量过高影响适口性，为此可在粉料中添加 1%～2% 的颗粒状钙，或在舍内单独放置钙盆，让鸭自由采食，并适量喂给青绿饲料或添加多种维生素。光照时间稳定在 16h。

3. 产蛋后期（401～500 日龄）

产蛋率开始下降，这段时间要根据体重与产蛋率来定饲料的质量与数量。如体重减轻，产蛋率 80% 左右，要多加动物性蛋白；如体重增加，发胖，产蛋率还在 80% 左右，要降低饲料中的代谢能或增喂青料，蛋白保持原水平；如产蛋率已下降至 60% 左右，就要降低饲料水平，此时再加好料产蛋量也不能恢复。80% 产蛋率时保持 16h 光照，60% 产蛋率时加到 17h。

4. 休产期的管理

产蛋鸭经过春天和夏天几个月的产蛋后，在伏天开始掉毛换羽。自然换羽时间比较长，一般需要 3~4 个月，这时母鸭就不产蛋了，为了缩短换羽时间，降低喂养成本，让母鸭提早恢复产蛋，可采用人工强制的方法让母鸭换羽。

# 第三节　鹅的规模化养殖

## 一、雏鹅的饲养管理

0~4 周龄的幼鹅称为雏鹅。该阶段雏鹅体温调节机能差，消化道容积小，消化吸收能力差，抗病能力差等，此期间饲养管理的重点是培育出生长速度快、体质健壮、成活率高的雏鹅。

### （一）及时分群

雏鹅刚开始饲养，一般每群 300~400 只。分群时按个体大小、体质强弱来进行。第一次分群在 10 日龄时进行，每群 150~180 只；第二次分群在 20 日龄时进行，每群 80~100 只；育雏结束时，按公母分栏饲养。在日常管理中，发现残、瘫、过小、瘦弱、食欲不振、行动迟缓者，应早作隔离饲养、治疗或淘汰。

### （二）适时放牧

放牧日龄应根据季节、气候特点而定。夏季，出壳后 5~6 天即可放牧；冬春季节，要推迟到 15~20 天后放牧。刚开始放牧应选择无风晴天的中午，把鹅赶到棚舍附近的草地上进行，时间为 20~30min。以后放牧时间由短到长，牧地由近到远。每天上下午各放牧一次，中午赶回舍中休息。上午放牧要等到露水干后进行，以 8—10 时为好；下午要避开烈日暴晒，在 15—17 时进行。

### （三）做好疫病预防工作

雏鹅应隔离饲养，不能与成年鹅和外来人员接触。定期对雏鹅、鹅舍进行消毒。购进的雏鹅，首先要确定种鹅有无用小鹅瘟疫苗免疫，如果种鹅未接种，雏鹅在 3 日龄皮下注射 10 倍稀释的小鹅瘟疫苗 0.2ml，1~2 周后再接种一次；也可不接种疫苗，对刚出壳的雏鹅注射高免血清 0.5ml 或高免蛋黄 1ml。

## 二、肉用仔鹅的饲养管理

饲养 90 日龄作为商品肉鹅出售的称为肉用仔鹅。

育肥期：玉米 20%、鱼粉 4%、麸（糠）皮 74%、生长素 1%、贝壳粉 0.5%、多种维生素 0.5%，然后按精料与青料 2∶8 的比例混合制成半干湿饲料饲喂。

凡健康、食欲旺盛的鹅表现动作敏捷抢着吃，不择食，一边采食一边摆脖子往下咽，食管迅速增粗，嘴呷不停地往下点；凡食欲不振者，采食时抬头，东张西望，嘴呷含着料不下咽，头不停地甩动，或动作迟钝，呆立不动，此状况出现可能是有病，要挑出隔离饲养。

# 第四节　猪的规模化养殖

## 一、种猪的生产

### （一）种公猪的饲养管理

俗话说"母猪好，好一窝；公猪好，好一坡"。种公猪的好坏对猪群的影响巨大，它直接影响后代的生长速度、胴体品质和饲料利用效率，因此养好公猪，对提高猪场生产水平和经济效益具有十分重要的作用。饲养种公猪的任务是使公猪具有强壮的体质，旺盛的性欲，数量多、品质优的精液。因此，应做饲养、管理和利用三个方面工作。

1. 公猪的生产特点

公猪的生产任务就是与母猪配种，公猪与母猪本交时，交配时间长，一般为 5~10min，多的可达 20min 以上，体力消耗大。公猪射精量多，成年公猪一次射精量平均 250ml，多者可达 500ml。精液中干物占 2%~3%，其中 60% 为蛋白质，其余为脂肪、矿物质等。

2. 公猪的营养需求

营养是维持公猪生命活动、生产精液和保持旺盛配种能力的物质基础。我国农业行业标准中猪的饲养标准推荐的配种公猪的营养需要见表 7-1。

表 7-1　配种公猪每千克养分需要量（NY/T 65—2004）

| 采食量（kg/d） | 消化能（MJ/kg） | 粗蛋白质（%） | 能量蛋白比（kJ/%） | 赖氨酸（%） | 钙（%） | 总磷（%） | 有效磷（%） |
|---|---|---|---|---|---|---|---|
| 2.2 | 12.95 | 13.5 | 959 | 0.55 | 0.70 | 0.55 | 0.32 |

能量对维持公猪的体况非常重要，能量过高过低易造成公猪过肥或太瘦，使其性欲下降，影响配种能力。一般要求饲粮消化量水平不低于 12.95MJ/kg。

蛋白质是构成精液的重要成分，从标准中可见，确定的蛋白质为 13.5%，但生产中种公猪的饲粮蛋白质含量常常会达到 15%~16%。在注重蛋白质数量供给的同时，应特别注重蛋白质的质量，注意各种氨基酸的平衡，尤其是赖氨酸、蛋氨酸、色氨酸。优质鱼粉等动物性蛋白质饲料因蛋白质含量高，氨基酸种类齐全，易于吸收，可作为种公猪饲粮优质蛋白质来源，使用比例在 3%～8%。棉籽饼（粕）在生产中常用于替代部分豆粕，以降低饲粮成本，但因含有棉酚（棉酚具有抗生育作用）而不能作为种猪的饲料。

矿物质中钙、磷、锌、硒和维生素 A、维生素 D、维生素 E、烟酸、泛酸对精液的生成与品质都有很大影响，这些营养物质的缺乏都会造成精液品质下降，如维生素 A 的长期缺乏就会使公猪不能产生精子，而维生素 E，又叫生育酚，它的缺乏更会影响公猪的生殖机能，硒与维生素 E 具有协同作用。因此在生产中应满足种公猪对矿物质、维生素的需要。

3. 饲喂技术

（1）根据种公猪营养需要配合全价饲料。配合的饲料应适口性好，粗纤维含量低，体积应小，少而精，防止公猪形成草腹，影响配种。

（2）饲喂要定时定量，每天喂 2 次。饲料宜采用湿拌料、干粉料或颗粒料。

（3）严禁饲喂发霉变质和有毒有害饲料。

**（二）种母猪的饲养管理技术**

1. 空怀母猪的饲养管理

空怀母猪是指从仔猪断奶到再次发情配种的母猪。空怀母猪饲养管理的任务是使空怀母猪具有适度的膘情体况，按期发情，适时配种，受胎率高。空怀母猪的体况膘情，直接影响到母猪的再次发情配种。实践证明，母猪过肥或太瘦都会影响母猪的正常发情，空怀母猪七八成膘，母猪能按时发情并且容易配上、产仔多。七八成膘是指母猪外观看不见骨骼轮廓和不会给人肥胖感觉，用拇指稍用力按压母猪背部可触到脊柱。母猪体况太瘦，会使母猪发情推迟或发情微弱，甚至不发情，即使发情也难以配上。母猪膘情过肥，也会使母猪的发情不正常、排卵少、受胎率低、产仔少，所以空怀母猪的饲养应根据母猪的体况膘情来进行。

2. 妊娠母猪的饲养管理

妊娠母猪指从配种后卵子受精到分娩结束的母猪。妊娠母猪饲养管理的任务是使胎儿在母体内得到健康生长发育，防止死胎、流产的发生，获得初生重大，体质健壮，同时使母猪体内为哺乳期贮备一定的营养物质。

## 二、肉猪的生产

### （一）实行"全进全出"饲养制度

在规模化猪舍中应安排好生产流程，在肉猪生产采用"全进全出"饲养制度。它是指在同一栋猪舍同时进猪，并在同一时间出栏。猪出栏后空栏一周，进行彻底清洗和消毒。此制度便于猪的管理和切断疾病的传播，保证猪群健康。若规模较小的猪场无法做到同一栋的猪同时出栏，可分成两到三批出栏，待猪出完后，对猪舍进行全面彻底消毒后，方可再次进猪。虽然会造成一些猪栏空置，但对猪的健康却很有益处。

### （二）组群与饲养密度

肉猪群饲有利于促进猪的食欲和提高猪的增重，并充分有效利用猪舍面积和生产设备，提高劳动生产率，降低生产成本。猪群组群时应考虑猪的来源、体重、体质等，每群以 10 头左右为宜，最好采用"原窝同栏饲养"。若猪圈较大，每群以 15 头左右，不超过 20 头为宜。每头猪占地面积漏缝地板 $1.0m^2$ 头，水泥地面 $1.2m^2$/头。

### （三）分群与调教

猪群组群后经过争斗，在短时间内会建立起群体位次，若无特殊情况，应保持到出栏。但若中途出现群体内个体体重差异太大，生长发育不均，则应分群。分群按"留弱不留强、拆多不拆少、夜合昼不合"的原则进行。猪群组群或分群后都要耐心做好"采食、睡觉和排泄"三定点的调教工作，保持圈舍的卫生。

### （四）去势与驱虫

肉猪生产对公猪都应去势，以保证肉的品质，而母猪因在出栏前尚未达到性成熟，对肉质和增重影响不大，所以母猪不去势。公猪去势越早越好，小公猪去势一般在生后 15 天左右进行，现提倡在生后 5~7 天去势，早去势，仔猪体内母源抗体多，抗感染能力强，同时手术伤口小，出血少，愈合快。寄生虫会严重影响猪的生长发育，据研究，控制了疥螨比未控制疥螨的肥育猪，肥育期平均日增重高 50g，达到同等出栏体重少用 8~8 天时间。在整个生产阶段，应驱虫 2~3 次，第一次在仔猪断奶后 1~2 周，第二次在体重 50~60kg 时期，可选用芬苯达唑、可苯达唑或伊维菌素等高效低毒的驱虫药物。

### （五）加强日常管理

#### 1. 仔细观察猪群

观察猪群的目的在于掌握猪群的健康状况，分析饲养管理条件是否适应，做到心中有数。观察猪群主要观察猪的精神状态、食欲、采食情况、粪尿情况和猪的行为。如发现猪精神萎靡不振，或远离猪群躺卧一侧，驱赶时也不愿活动，猪的食欲很差或不食，出现拉稀等不正常现象，应及时报告兽医，查明原因，及时治疗。对患传染病的猪，应及时隔离和治疗，并对猪群采取相应措施。

#### 2. 搞好环境卫生，定期消毒

做好每日两次的卫生清洁工作，尽量避免用水冲洗猪舍，防止污染环境。许多猪场采用漏缝地板和液泡粪技术，与用水冲洗猪舍相比，可减少 70% 的污水。要定期对猪舍和周围环境进行消毒，每周一次。

# 第五节　牛的规模化养殖

## 一、犊牛的生产

### 犊牛的饲养管理

犊牛是指从初生至断奶（6 月龄）的幼牛。牛在这一阶段，对不良环境抵抗力低，适应性差。但也是它整个生命活动过程中生长发育最迅速的时期。为提高牛群生产水平和品质，必须加强犊牛饲养管理。

1. 卫生

每次哺乳完毕，用毛巾擦净犊牛口周围残留的乳汁，防止互相乱舔而导致"舔癖"。喂奶用具要清洁卫生，使用后及时清洗干净，定期消毒，犊牛栏要勤打扫，常换垫草，保持干燥；阳光充足，通风良好。

2. 运动

充分运动能提高代谢强度，促进生长。犊牛从 5 日龄开始每天可在运动场运动 15~20min，以后逐渐延长运动时间。1 月龄时，每天可运动 2 次，共为 1~1.5h；3 月龄以上，每天运动时间不少于 4h。

3. 分群

犊牛出生后立刻移到犊牛舍单栏饲养，以便精心护理（栏的大小为 1.0~1.2m²），饲养 7~10 天后转到中栏饲养，每栏 4~5 头。2 月龄以上放入大栏饲养，每栏 8~10 头。犊牛应在 10 日龄前去角，以防止相互顶伤。

4. 护理

每天要注意观察犊牛的精神状态、食欲和粪便，若发现有轻微下痢时，应减少喂奶量，可在奶中加水 1~2 倍稀释后饲喂；下痢严重时，暂停喂奶 1~2 次，并报请兽医治疗。每天用软毛刷子刷拭牛体 1~2 次，以保持牛体表清洁，促进血液循环，并使人畜亲和，便于接受调教。

## 二、育成牛的生产

### （一）育成牛的饲养

育成牛是指断奶至第一次产犊前的小母牛或开始配种前的小公牛。育成阶段的母牛，日粮以青、粗饲料为主，补喂适量精饲料，以继续锻炼和提高消化器官的功能。一岁前的幼牛，干草和多汁料占日粮有效能的 65%~75%，精料占 25%~35%。1 岁以后的牛，干草和多汁料应占 86%~90%，精料 10%~15%。粗料品质较差时，可适当提高精料比例。冬季干草的利用约每 100kg 体重为 2.2~2.5kg。其中的半数可用青贮料或块根类或叶茎多汁料代替，以每千克干草相当于 3~4kg 青贮料、5kg 的块根类饲料或 8~9kg 的叶菜类饲料计算，并根据精料品质和牛的月龄、体质，每日补充 1.0~1.5kg 精料。第一次分娩前 3~4 个月应酌情将精料增至 2~3kg，以满足胎儿发育和母体贮蓄营养的需要。但也要防止母牛孕期过肥，以免难产。

### （二）育成牛的管理

犊牛满 6 月龄转入育成牛舍（或称青年牛舍），应根据大小分群，专人饲养，每人可饲养育成牛 30 头左右。应定期测量育成牛体尺、体重，以检查生长发育情况。

育成牛要有充足的运动，以锻炼其肌肉和内脏器官，促进血液循环，加强新陈代谢，增强机体对环境的适应能力。

刷拭有利于皮肤卫生，每天应刷拭 1~2 次。

育成牛一般在 16~18 月龄、体重 375~400kg 时配种。受胎后 5~6 个月开始按摩乳房，以促进乳腺组织发育并为产犊后接受挤奶打下基础。每天按摩 1 次，每次 3~5min，至产前半个月停止按摩。

育成牛要训练拴系、定槽、认位，以利于日后挤奶管理。要防止牛只互相吸吮乳头，发现有这种恶习的牛应及时淘汰。

## 三、肉牛的生产

随着消费水平的提高，人们对牛肉和优质牛肉的需求急剧增加，育肥高档肉牛，生产牛肉，具有十分显著的经济效益和广阔的发展前景。为到达高的牛肉量、高屠宰率，在肉牛的育肥饲养管理技术上有着严格的要求。

### （一）育肥公犊标准和去势技术

标准犊牛：①胸幅宽，胸垂无脂肪、呈"V"字形；②育肥初期不需重喂改体况；③食量大、增重快、肉质好；④闹病少。不标准犊牛：①胸幅窄，胸垂有脂肪、呈"U"字形；②育肥初期需要重喂改体况；③食量小、增重慢、肉质差；④易患肾、尿结石，突然无食欲，闹病多。

用于生产牛肉的公犊，在育肥前需要进行去势处理，应严格在 4~5 月龄（4、5 月龄阉割最好），太早容易形成尿结石，太晚影响牛肉等级。

### （二）饲养管理技术

1. 分群饲养

按育肥牛的品种、年龄、体况、体重进行分群饲养，自由活动，禁止拴系饲养。

**2. 改善环境、注意卫生**

牛舍要采光充足，通风良好。冬天防寒，夏天防暑，排水通畅，牛床清洁，粪便及时清理，运动场干燥无积水。要经常刷拭或冲洗牛体，保持牛体、牛床、用具等的清洁卫生，防止呼吸道、消化道、皮肤及肢蹄疾病的发生。舍内垫料多用锯末子或稻皮子。饲槽、水槽3~4天清洗1次。

**3. 充足给水、适当运动**

肉牛每天需要大量饮水，保证其洁净的饮用水，有条件的牛场应设置自动饮水装置。如由人工喂水，饲养人员必须每天按时供给充足的清洁饮水。特别在炎热的夏季，供给充足的清洁饮水是非常重要的。同时，应适当给予运动，运动可增进食欲，增强体质，有效降低前胃疾病的发生。沐浴阳光，有利育肥牛的生长发育，有效减少佝偻病发生。

**4. 刷拭、按摩**

在育肥的中后期，每天对育肥牛用毛刷、手对其全身进行刷拭或按摩2次，来促进体表毛细血管血液的流通量，有利于脂肪在体表肌肉内均匀分布，在一定程度上能提高牛肉的产量，这在牛肉生产中尤为重要，也是最容易被忽视的细节。

# 第六节　羊的规模化养殖

## 一、幼羊的生产

### （一）羔羊的培育

羔羊的哺乳期一般为4个月，在这期间应加强管理，精心饲养，提高羔羊的成活率。

1. 母子群的护理

对羔羊采取小圈、中圈和大圈进行管理，是培育好羔羊的有效措施。母子在小圈（产圈）中生活 1～3 天，便于观察母羊和羔羊的健康状况，发现有异常立即处理。接着转入中圈生活 3 周，每个中圈可养带羔母羊由 15 只渐增至 30 只。3 周后即可入大圈饲养，每个大圈饲养的带羔母羊数随牧地的地形和牧草状况而有所不同，草原较多，可达 100～150 只，而丘陵和山地较少处为 20～30 只。

2. 母子群的放牧和补饲

羔羊生后 5～7 天起，可在运动场上自由活动，母羊在近处放牧，白天哺乳 2～3 次，夜间母子同圈，充分哺乳。3 周龄后可在近处母子同牧，也可将母羊和羔羊分群放牧，中午哺乳一次，晚上母子同圈，充分哺乳。

羔羊 10 日龄开始补喂优质干草，并逐渐增加喂量，以锻炼其消化器官，提高消化机能。同时，在哺乳前期亦应加强母羊的补饲，以提高其泌乳量，使羔羊获得充足的营养，有利于生长发育。

3. 断乳

羔羊一般在 4 月龄断乳。羔羊断乳的方法有一次性断乳和逐渐断乳两种。后者虽较麻烦，但能防止得乳房炎。断乳时，把母羊抽走，羔羊留原圈饲养，待羔羊习惯后再按性别、强弱分群。断乳后母羊圈与羔羊圈以及它们的放牧地，都尽可能相隔远一些，使母羊和羔羊能尽快安静，恢复正常生活。

（二）育成羊的培育

育成羊是指从断乳到第一次配种前的羊（即 5～18 月龄的羊）。羔羊断奶后正处在迅速生长发育阶段，此时若饲养不精心，就会导致羊只生长发育受阻，体型窄浅，体重小，剪毛量低等缺陷。因此，对育成羊要加强饲养管理。断乳初期要选择草长势较好的牧地放牧并坚持补饲；夏季注意防暑、防潮湿；秋季抓好秋膘；冬春季节抓好放牧和补饲。入冬前备足草料，育成羊除放牧外每只每日补料 0.2～0.3kg，留作种用的育成羊，每只每日补饲混合精料 1.5kg。为了掌握羊的生长发育情况，对羊群要随机抽样，进行定期称重（每月 1 次），清晨空腹进行。

## 二、绵羊的生产

### （一）剪毛

细毛羊、半细毛羊每年春季剪毛 1 次，粗毛羊每年春秋各剪 1 次。剪毛时间，北方牧区和半农牧区多在 5 月下旬至 6 月上旬，南方农区在 4 月中旬至 5 月中旬。秋季剪毛多在 8 月下旬至 9 月上旬。剪毛时羊只需停食 12h 以上，并不应捆绑，防止羊胃肠臌胀，剪毛后控制羊只采食。

### （二）断尾

细毛羊、半细毛羊及代数较高的杂种羊在生后 1～2 周内断尾。常用的断尾方法是热断法，即用烧热的火钳在距尾根 5cm 处钳断，不用包扎。

### （三）去势

不作种用的公羊，为便于管理，一律去势。一般在生后 2 周左右进行。去势后给以适当运动，但不追逐、不远牧、不过水以免炎症。

### （四）药浴

每年药浴两次，一次是在剪毛后的 1～2 周内进行，另一次在配种前进行。可用 0.3% 敌百虫水或 2% 来苏儿。让羊在药浴池内浸泡 2～3min，药浴水温不低于 20℃。

### 三、奶山羊的生产

#### （一）母羊妊娠期的饲养管理

母羊妊娠前期胎儿发育缓慢，需要营养物质不多，但要求营养全面。妊娠后期胎儿发育快，应增加 15%~20% 的营养物质，以满足母羊和胎儿发育的需要，使母羊在分娩前体重能增加 20% 以上。分娩前 2~4 天，应减少喂料量，尽量选择优质嫩干草饲喂。分娩后的 2~4 天，因母羊消化弱，主要喂给优质嫩青干草，精料可不喂。分娩 4 天后视母羊的体况、消化力的强弱、乳房膨胀的情况掌握给料量，注意逐渐地增加。

#### （二）母羊产乳期的饲养管理

奶山羊的泌乳期为 9~10 个月。在产乳期母羊代谢十分旺盛，一切不利因素都要排除。在产乳初期，对产乳量的提高不能操之过急，应喂给大量的青干草，灵活掌握青绿多汁饲料和精料的给量，直到 10~15 天后再按饲养标准喂给日粮。奶山羊的泌乳高峰一般在产后 30~45 天，高产母羊在 40~70 天。进入高峰期后，除喂给相当于母羊体重 2% 的青干草和尽可能多的青绿多汁饲料外，再补喂一些精料，以补充营养的不足。如一只体重 50kg、日产奶 3.5kg 的母羊，可采食 1kg 优质干草、4kg 青贮料、1kg 混合精料。每日饮水 3~4 次，冬季以温水为宜。产奶高峰过后，精料下降速度要慢，否则会加速奶量的下降。

挤奶时先要按摩乳房，用 40~50℃ 的温水洗净乳房，用拳握法挤奶。挤奶人员及挤奶用具都要保持清洁，避免灰尘掉入奶中而降低奶的品质。挤奶次数，根据泌乳量的多少而定，一般日产乳量在 3kg 以下者，日挤乳两次，5kg 左右者日挤乳 3 次，6~10kg 者日挤乳 4~5 次，每次挤乳间隔的时间应相等。

### （三）母羊干乳期的饲养管理

干乳期是指母羊不产奶的时期。这时母羊经过 2 个泌乳期的生产，体况较差，加上这个时期又是妊娠的后期。为了使母羊恢复体况贮备营养，保证胎儿发育的需要，应停止挤奶。干乳期一般为 60 天左右。

干乳期母羊的饲养标准，可按日产 1.0~1.5kg 奶，体重 60kg 的产奶羊为标准，每天给青干草 1kg、青贮料 2kg、混合精料 0.25~0.3kg。其次，要减少挤奶次数，打乱正常的挤奶时间，增加运动量，这样很快就能干乳。当奶量降下后，最后一次奶要挤净，并在乳头开口处涂上金霉素软膏封口。

# 第八章　农作物综合绿色种养新技术

## 第一节　农作物高效间套种植模式与应用

立体种植，指在同一田地上，两种或两种以上的作物从平面、时间上多层次地利用空间的种植方式。凡是立体种植，都有多物种、多层次地立体利用资源的特点。实际上。立体种植既是间、混、套作的统称，也包括山地、丘陵、河谷地带的不同作物沿垂直高度形成的梯度分层带状组合。

### 一、果园间套地膜马铃薯

#### （一）种植方式

适应范围以 1~3 年幼园为宜，水、旱地均可。2 月初开始下种，麦收前 10 天始收。种植规格以行距 3m 的果园为例：当年建园的每行起垄 3 条，次年园内起两条垄。垄距 72cm、垄高 16cm、垄底宽 56cm、垄要起的平而直。起垄后，用锹轻抹垄顶。每垄开沟两行，行距 16~20cm，株距 23~26cm。将提前混合好的肥料施入沟内，下种后和沟复垄。有墒的随种随覆盖，无墒的可先下种覆膜，有条件的灌一次透水，覆膜要压严拉紧不漏风。

#### （二）茬口安排

前茬最好是小麦，后茬以大豆、白菜、甘蓝为主，以利在行间套种地膜马铃薯。

**（三）播前准备**

每亩施有机肥 2 500～5 000kg，磷酸二铵 30kg，硫酸钾 40kg，每亩用 5kg 左右的地膜。

**（四）切薯拌种**

先用 100g 以上的无病种薯，切成具有一个芽眼约为 50g 的薯块，并用多菌灵拌种备用。播后 30 天左右，及时查苗放苗，并封好放苗口。苗齐后喷一次高美施，打去三叶以下的侧芽，每窝留一株壮苗。以后再每周喷一次生长促进剂。花前要灌一次透水，花后不灌或少灌水。

## 二、温室葡萄与蔬菜间作

**（一）葡萄的栽培及管理**

（1）栽植方式。葡萄于 3 月 10 日左右定植在甘蓝或西红柿行间，留双蔓，南北行，行距 2m，株距 0.5m，比露地生长期长 1 个月，10 月下旬覆棚膜，11 月中旬修剪后盖草帘保温越冬。

（2）整枝方式与修剪。单株留双蔓整枝，新梢上的副梢留一片叶摘心，二次副梢留一片叶摘心，新梢长到 1.5cm 时进行摘心。立秋前不管新梢多长都要摘心。当年新蔓用竹竿领蔓，本架则形成"V"字形架，与临架形成拱形棚架。当年冬剪时应剪留 1.2～1.3m 蔓长合适。

（3）田间管理。次年 1 月 15 日前后温室开始揭帘升温。2 月 15 日前后冬芽开始萌动，把蔓绑在事先搭好的竹竿上，注意早春温室增温后不要急于上架。4 月初进行抹芽和疏枝，每个蔓留 4～5 个新梢，留 3～4 个果枝，每个果枝留一个花穗。6 月 20 日左右开始上市，8 月初采收结束；在葡萄种植当年的 9

月下旬至 10 月上旬，在葡萄一侧距根系 30cm 以外开沟施基肥，每公顷施有机肥 $3 \times 10^4 \sim 5 \times 10^4 kg$。按 5 肥 5 水的方案实施。花前、花后、果实膨大、着色前、采收后进行追肥，距根 30cm 以外或地面随水追肥，每次每株 50g 左右，葡萄落花后 10 天左右，用吡效隆浸或喷果穗，以增大果粒，另外，如每千克药水加 1g 异菌脲可防治幼果期病害，蘸完后进行套袋防病效果好。其他病虫害防治按常规法防治；在 11 月上旬覆膜准备越冬，严霜过后，葡萄叶落完开始冬剪。

### （二）间作蔬菜的栽植与管理

可与葡萄间作的蔬菜有两种（甘蓝、西红柿），1 月末 2 月初定植甘蓝和西红柿，2 月 20 日西红柿已经开花，间作的甘蓝已缓苗，并长出 2 片新叶。甘蓝于 4 月 20 日左右罢园，西红柿于 5 月 20 日左右拔秧。

### （三）经济效益分析

葡萄平均产值为 22.1 元/$m^2$，若与甘蓝间作，主作和间作的产值为 30.1 元/$m^2$，每亩产值 20 076.7 元，若与西红柿间作，则主作和间作的产值为 37.6 元/$m^2$，每亩产值 25 079.2 元，经济效益显著。

## 三、大蒜、黄瓜、菜豆间套栽培技术

山东苍山县连续两年进行三种三收的高产高效栽培，即在地膜覆盖的大蒜行套种秋黄瓜，收获大蒜后再种植菜豆，获得了较好的经济效益。

### （一）种植方式

施足基肥后，整地作畦，畦高 8~10cm，畦沟宽 30cm，大蒜的播期在 10 月上旬寒露前后，行距 17cm，株距 7cm，平均每亩栽植 33 000 株。开沟播种，沟深 10cm，播种深 6~7cm，待蒜头收获后，将处理好的黄瓜种点播于畦上，每畦 2 行，行距 70cm，穴距 25cm，每穴 3~4 粒种子，每亩留苗 3 500 株；6 月下旬于黄瓜行间做垄直播菜豆，行距 30cm，穴距 20cm，每穴播 2~3 粒。

**（二）栽培技术要点**

（1）科学选地。选择地势平坦、土层深厚、耕层松软、土壤肥力较高、有机质丰富以及保肥、保水能力较强的地块。

（2）田间管理。一是早大蒜出苗时可人工破膜，小雪之后浇一次越冬水，翌春 3 月底入蔓，瓣分化期应根据墒情浇水。蒜蔓生长期中、露尾、露苞等生育阶段要适期浇水，保田间湿润，露苞前后及时揭膜。采蔓前 5 天停止浇水，采蔓后随即浇水一次，过 5~6 天再浇水 1~2 次。临近收获蒜头时，应在大蒜行间保墒，将有机肥施入畦沟，然后用土拌匀，以备播种秋黄瓜。二是黄瓜苗有 3~4 片真叶时，每穴留苗 1 株，定苗后浅中耕 1 次，并每亩施入硫酸铵 10kg 促苗早发。定苗浇水随即插架，结合绑蔓毕行整枝，根据长势情况，适时对主蔓摘心。三是菜豆定苗后浇 1 次水，然后插架。结荚期需追肥 2~3 次，每次施硫酸铵 15kg/亩。

（3）病害防治。秋黄瓜主要病害有霜霉病、炭疽病、白粉病、疫病、角斑病等。可用 25%甲霜灵可湿性粉剂 500 倍液、75%百菌清可湿性粉剂 600 倍液、64%杀毒矾可湿性粉剂 400 倍液、75%可杀得 500 倍液等杀菌剂防治；菜豆的主要病害有黑腐病、锈病、叶烧病，可用 20%三唑酮乳油 2 000 倍液、40%五氯硝基苯粉剂与 50%福美双可湿性粉剂 1∶1 配成混合剂、80%乙蒜素乳油 8 000 倍液喷洒防治。

**（三）经济效益与适用地区**

1994—1995 年该模式在苍山县长城镇前王庄村，平均每亩收获蒜薹 560.4kg，大蒜头 618.5kg，其中大蒜头出口商品率高达 75%，蒜头、蒜薹平均收入 2 581 元。秋黄瓜 2 850kg，平均收入 1 710 元。菜豆 1 625kg，平均收入 1 300 元。三种菜共计收入 5 591 元，一年三种三收比单作或两种两收增产 30.6%~46.2%。

## 四、新蒜、春黄瓜、秋黄瓜温室蔬菜栽培技术

### （一）坐床、施足底肥

在生产蒜苗前，细致整地，每亩一次性施入优质农家肥 2m³，然后坐床，苗床长、宽依据温室大小而定，床做好后，在床面上平铺 10cm 厚的肥土，上面再铺约 3cm 厚的细河沙。

### （二）蒜苗生产

针对蒜苗春节旺销的情况，于 12 月 20—25 日期间，选优质牙蒜，浸泡 24h 后去掉茎盘，蒜芽一律朝上种在苗床上。苗床温度 17~20℃，白天室温在 25℃ 左右，整个生长期浇 3~4 次水，当蒜苗高度达 33cm 左右，即可收割，收割前 3~4 天将室温降到 20℃ 左右。

### （三）春黄瓜生产

定植前做好准备，即在蒜苗生长期间，1 月 10 日前后就开始育黄瓜苗，采用塑料袋育苗，55 天后蒜苗基本收割完毕，将苗床重新整理好，于 3 月 5 日前后定植黄瓜。

定植后加强管理，即在黄瓜定植后注意提高地温，促使快速缓苗。白天室温保持在 30℃ 左右。定植后半个月左右，搭架、定植 20 天后追肥硫酸铵 3kg/亩，方法是在离植株 10cm 的一侧挖一个 5~6cm 深的小坑，施入后随即覆土。在黄瓜整个生长期随水冲施 4 次人粪尿，灌 3 次清水，及时打掉植株底部老叶、杈。黄瓜成熟后，要及时收获。

### （四）秋黄瓜生产

7月15日育苗，8月25日定植；植株长至5~6片叶以后，主蔓生长，及时绑蔓。根瓜坐住后开始追肥，每亩追复合肥20kg，追肥后灌水。灌水后，在土壤干湿适合时松土，同时消灭杂草；随着外界温度下降，注意防寒保暖。室内温度低于15℃时停止放风。白天温度25~30℃，若超过30℃要放风。夜间室温降至10℃时开始覆盖草苫子，外界温度降到0℃以下时，开始覆盖棉被保暖。从根瓜采收开始，每天早上采收一次。

## 五、旱地玉米间作马铃薯的立体种植技术

### （一）种植方式

采用65cm+145cm的带幅（1垄玉米，4行马铃薯）。玉米覆膜撮种，撮距66cm，撮内株距17~20cm，每撮5株，保苗3.75万株/hm²；马铃薯行距35cm，株距25cm，保苗约3万株/hm²。玉米用籽量15.0~22.5kg/hm²，马铃薯用块茎量1 500 g/hm²。

### （二）栽培技术要点

（1）选地、整地。选择地势平坦、肥力中上的水平梯田，前茬为小麦或荞麦（切忌重茬或茄科连作茬）。在往年深耕的基础上，播种时必须精细整地，使土壤疏松，无明显的土坷垃。

（2）选用良种、适时播种。玉米选用中晚熟高产的品种，马铃薯选用抗病丰产品种。玉米适宜播期为4月10—20日，最好用整薯播种，如果采用切块播种，每切块上必须留2个芽眼，切到病薯时，用75%的酒精进行切刀，切板消毒，避免病菌传染。

（3）科学施肥。玉米于早春土地解冻时挖窝埋肥。每公顷用农家肥 45t（分 3 次施，50% 基施，20% 拔节期追肥，30% 大喇叭口期追肥），普钙 375~450kg，锌肥 15kg，除做追肥的尿素外，其余肥料全部与土混匀，埋于 0.037m$^2$ 的坑内。马铃薯每公顷施农家肥 3.00 万 kg，尿素 187.5kg（60% 作基肥，40% 现蕾前追肥），普钙 300kg，除作追肥的尿素外，其余肥料全部混匀做基肥一次施入。

（4）田间管理。玉米出苗后，要及时打孔放苗，到 3~4 叶期间苗，5~6 叶期定苗；大喇叭口期每公顷用 10% 二嗪磷颗粒剂 6~9kg 灌心防治玉米螟；待抽雄初期，每公顷喷施玉米健壮素 15 支，使植株矮而健壮、不倒扶，增加物质积累；马铃薯出苗后要松土除草，当株高 12~15cm 时（现蕾前）结合施肥进行培土，到开花前后，即株高 24~30cm 时，再进行培土，以利于匍匐茎、多结薯、结好薯。始花期每公顷用 1.5~2.25kg 磷酸二氢钾、6.0kg 尿素对水 300~375kg 进行叶面喷施追肥，在整个生育期内应注意用 50% 胂·锌·福美双可湿性粉剂或代森锰锌等防晚疫病。玉米苞叶发白时收获；马铃薯在早霜来临时及时收获。

### （三）经济效益及适用地区

旱地玉米间马铃薯近两年在甘肃省静宁县大面积示范，累计推广旱地地膜撮苗玉米间作马铃薯 171.13hm$^2$，平均每公顷玉米产量为 3 522.0kg，马铃薯为 16 147.0kg。

## 六、麦套春棉地膜覆盖立体栽培技术

### （一）种植方式

采用麦棉套种的 3~1 式，即年前秋播 3 行小麦，行距 20cm，占地 40%；预留棉行 60cm，占地 60%；麦棉间距

30cm。春棉的播期为 4 月 5—15 日，可先播后覆膜，也可先盖膜后播种，穴距 14cm，每穴 3~4 粒，密度不少于 $6.75×10^4$ ~ $7.5×10^4$ 株/hm²。

**（二）栽培技术要点**

（1）培肥地力。麦播前结合整地每公顷施厩肥 30~45t，磷肥 375~450kg；棉花播前结合整地，每公顷施厩肥 1.5t，饼肥 600~750kg，增加土壤有机质含量，改善土壤结构。

（2）种子处理。选好的种子择晴天晒 5~6h，连晒 3~5 天，晒到棉籽咬时有响声为止；播前 1 天用 1%~2% 的缩节胺浸种 8~10h，播前将棉种用冷水浸湿后，晾至半干，将 40% 棉花复方壮苗一拌灵 50g 加 1~2g 细干土充分混合，与棉种拌匀，即可播种。

（3）田间管理。主要任务是在共生期间要保全苗，促壮苗早发。花铃期以促为主，重用肥水，防止早衰。在麦苗共生期，棉花移栽后，切勿在寒流大风时放苗，放苗后及时用土封严膜孔。苗齐后及时间苗，每穴留一株健壮苗。麦收前浇水不要过大，严防淹棉苗，淤地膜，降低地温。

在小麦生长后期，麦熟后要快收、快运，及早中耕灭茬，追肥浇水、治虫，促进棉苗发棵增蕾。春棉进入盛蕾—初花期时，应及早揭膜，随即追肥浇水，培土护根，促进侧根生长、下扎。

在棉花的花铃期，以促为主，重追肥、浇透水。7 月中旬结合浇水每公顷追施尿素 225kg。在初花期、结铃期喷施棉花高效肥液同时在花铃期要保持田间通风透光，搞好病虫害防治，后期及时采摘烂桃。

## 七、麦套花生粮油型立体种植技术

麦垄套种花生种植模式在豫北地区迅猛发展，已成为该地区花生栽培的主体模式，该模式可以提高复种指数，充分利用地、光、热、水资源。

（一）种植方式

（1）小麦大背垄套种花生。用30cm宽的两条腿耧播种小麦，实行两耧紧靠，耧与耧间距为10cm，小麦成宽窄行种植，大行距30cm，小行距10cm。大行于次年5月中旬点种一行花生，相当等行距40cm，穴距19~21cm，$12.00 \times 10^4$~$12.75 \times 10^4$ 穴/hm²，每穴双粒。这种种植方式小麦充分发挥边行优势，提高产量。背垄宽，便于花生实时早点种，保证其种植密度和点种质量，以可在行间开沟施肥，小水润浇，培土迎针等操作管理，夺取花生高产。此方式适合水肥条件好的高产区。

（2）小麦套种花生。用40cm宽的三行腿耧常规播种小麦，次年5月中下旬每隔两行小麦，点种一行花生，行距40cm，穴距18~20cm，$12.75 \times 10^4$~$12.75 \times 10^4$ 穴/hm²，每穴双粒。这种方式便于小麦播种，能合理搭配行株距，花生行宽田间操作方便。适合高、中等肥力水平的产区。

（3）宽窄行套种。用40cm宽的三条腿耧常规播种小麦，次年5月中下旬点种花生，每隔一行背，点两行背垄，花生宽行距40cm，穴距20~22cm，$15.0 \times 10^4$~$16.5 \times 10^4$ 穴/hm²，每穴双粒，该方式保证小麦面积的前提下，以宽行间操作管理花生，适合中、下等肥力水平地区。

（二）栽培技术要点

（1）早施肥料、一肥两用。早春结合麦苗中耕，施入腐熟农家肥 30 000 kg/hm²，尿素 150~225kg/hm²，过磷酸钙300kg/hm²，开沟条施或穴施于准备套种花生的麦垄间，既作为小麦返青拔节肥，也为花生底肥。

（2）品种选择。小麦应选用矮秆、紧凑、早熟、高产品种。花生选用直立型、结果集中、饱果率高、增产潜力大的品种。

（3）花生田间管理。苗期管理以培育壮苗为重点，苗壮而不旺。小麦收后应及时中耕灭茬，松土保墒，除草；花荚期管理以控棵保稳长为重点。一是看苗追肥，针对苗情，有选择地施肥。二是盛花期适追石膏，增加花生生长所需的钙、硫。三是培土迎果针，加速果针尽早入土结果。四是浇好花果水，以增花增果；饱果期管理的重点是最大限度保护功能叶，维持茎枝顶叶活力，以防早衰烂果，提高饱果率。

花生的虫害主要有蚜虫、红蜘蛛、蛴螬，可根据虫害发生的程度分别喷洒不同浓度的氧化乐果、辛硫磷和甲基异柳磷。花生的主要病害有花生茎腐病、花生叶斑病和花生黄化症等。

## 第二节 稻田+水产高效种养模式与应用

稻田养鱼是一种种养结合、稻鱼共生、稻鱼互补的生态农业种养模式，实现了在同一稻田内既种稻又养鱼、一田多用、一水多用、一季多收的最佳效果。具有增粮、增肥、增鱼、增收和节地、节肥、节工、节资的优点，符合资源节约、环境友好、循环高效的农业经济发展要求。

### 一、虾稻共作

#### （一）稻田条件

养虾稻田应是生态环境良好，远离污染源；保水性能好，土质最好为壤质土；水源充足，排灌方便，不涝不旱；尤其是冬季，要保障稻田能上足水；首选是低湖冬泡田，增效明显。稻田面积，大小均可，5~15亩有利于精细化管理，15~30亩为一个单元格，便于稻田改造和管理。

### （二）稻田改造

1. 挖沟

总的原则，围沟面积应控制在稻田面积的 15% 以内。稻田面积达 30 亩以上时，按以下标准改造：稻田田埂宽 4~5m，平台 1~2m，内侧再开挖环形沟，沟宽 3~4m，坡比 1：1.5，沟深 1~1.5m。稻田面积达到 50 亩的，还要在田中间开挖"十"字形田间沟，沟宽 1~2m，沟深 0.8m；稻田面积 30 亩以下时，围沟宽度 2~3m 即可，中间可以不开沟。

2. 筑埂

利用开挖环形沟挖出的泥土加固、加高、加宽田埂。田埂加固时每加一层泥土都要进行夯实，以防渗水或暴风雨使田埂坍塌。田埂应高于田面 0.6~0.8m，埂宽 4~5m，埂顶宽 2~3m。稻田内缘四周筑高 20~30cm、宽 30~40cm 的田子埂。

### （三）防逃设施

稻田排水口和田埂上应设防逃网。排水口的防逃网应为 8 孔/cm（相当于 20 目）的网片，田埂上的防逃网应用水泥瓦作材料，防逃网高 40cm。

### （四）进排水设施

进、排水口分别位于稻田两端，进水渠道建在稻田一端的田埂高处，进水口用 20 目的长型网袋过滤进水，防止敌害生物随水流进入。排水口建在稻田另一端环形沟的低处，用密眼铁丝网封闭管口，防止小龙虾外逃。按照高灌低排的格局，保证水灌得进，排得出。

### （五）苗种投放

在就近的养殖基地和有资质的种苗场选购种虾或虾苗，要求体色鲜亮、附肢齐全、无病无伤、活力强、大小规格整齐。

目前较成功的养殖模式有两种，一是 7—9 月投放种虾，规格为 30g 以上，每亩投放 20~30kg，雌雄比例（2~3）：1，次年适当补充；二是在 4—5 月投放幼虾，每亩投放规格为 3~5cm 的幼虾 0.5 万~0.8 万尾，随着投放时间的推迟投放量适当减少。

投放注意事项：应在晴天早晨、傍晚或阴天进行，避免阳光直射。投放时将虾筐反复浸入水中试水 2~3 次，每次 1~2min，使幼虾或亲虾适应水温，温差不超过 2℃。要投放在塘边浅水植草处。运输过程中，遮光避风，每筐装幼虾 2.5~5kg，亲虾 5~7.5kg 为宜，要覆盖水草，以保持潮湿，运输时间越短越好。

### （六）管理措施

1. 水质管理

在小龙虾的的养殖过程中，水质管理至关重要。根据小龙虾的生物学特性和生长需要，把握好肥和活两点。

（1）施肥。小龙虾每年秋冬季繁殖一次，当年 8—10 月和次年 3 月每月施腐熟的农家肥 100~150kg/亩培肥水质，透明度约 25cm 左右，保持水体中浮游生物量，为幼虾提供充足的天然饵料；4 月以后，水温升高，停止施有机肥，加强投喂和水质监测，透明度 30cm 以上，高温季节保持水质清新有活力。

（2）pH 值。小龙虾的养殖水体 pH 值维持在 7.5~8.5，有利于小龙虾的脱壳生长，4—8 月，每亩应用生石灰 5~10kg，化浆全池泼洒。

（3）投放水生动物。沟内投放一些有益生物，如水蚯蚓（0.3~0.5kg/m$^2$）、田螺（8~10 个/m$^2$）、河蚌（3~4 个/m$^2$）等，既可净化水质，又能为小龙虾提供丰富的天然饵料。

（4）水位与水温。稻田水位控制基本原则是：平时水沿堤，晒田水位低，虾沟为保障，确保不伤虾。具体为：越冬期前的10—11月，稻田水位以控制在20~30cm左右为宜，这样既能够让稻蔸露出水面10cm左右，使部分稻蔸再生，又可避免因稻蔸全部淹没水下，导致稻田水质过肥而缺氧，影响龙虾的生长；越冬期间，要适当提高水位进行保温，一般控制在40~50cm；3月，为提高稻田内水温，促使小龙虾尽早出洞觅食，稻田水位一般控制在30cm左右；4月中旬以后，稻田水温已基本稳定在20℃以上，为使稻田内水温始终稳定在20~30℃，以利于小龙虾生长，避免提前硬壳老化，稻田水位应逐渐提高至50~60cm。

2. 饲料投喂

遵循"定时、定位、定质、定量"四定原则和"看天气、看生长、看摄食"三看原则。小龙虾活动范围不大，摄食一般在浅水区域，所以饲料应投在四周的平台上。当夜间观察到有小龙虾出来活动时，就要开始投喂。早春3月以动物性饵料或精料为主，高温季节，以水草和植物性饵料为主。投饲量根据水温、虾的吃食和活动情况来确定。冬天水温低于12℃，小龙虾进入洞穴越冬，夏天水温高于31℃，小龙虾进入洞穴避署，此阶段可不投或少投；水温在17~31℃时，每半月投放一次鲜嫩的水草，如苲草、金鱼藻等100~150kg/亩。有条件的每周投喂2次鱼糜、绞碎的螺蚌肉1~5kg/亩。每天傍晚投喂一次饲料，如麸皮、豆渣、饼粕或颗粒料等；在田边四周设固定的投饲点进行观察，若2~3h食完，应适当增加投喂量，否则减少其投喂量。另外要经常观察虾的活动情况，当发现大量的虾开始蜕壳或者小龙虾活动异常、有病害发生时，可少投或不投。

3. 水草种植

水草即是小龙虾良好的天然植物饵料，又可为小龙虾提供栖息、隐蔽和脱壳场所。适合养殖小龙虾的水草有伊乐藻、轮叶黑藻、菹草、金鱼藻、聚草、苦草等沉水植物，水花生、水葫芦、浮萍等漂浮植物和空心菜等经济蔬菜。

稻田田面可选择移植菹草、伊乐藻等沉水植物和浮萍等漂浮植物，面积分别占 20%；围沟内移植水草可多样化，沉水植物控制在 40%~60%，漂浮植物控制在 20%~30%。养殖小龙虾一定要搞好水草的搭配和管理，保证小龙虾在整个生长阶段都有鲜活的水草。

## 二、鳖虾稻生态种养

### （一）稻田准备

1. 条件

应选择便于看护、地面开阔、地势平坦、避风向阳、安静的稻田，要求水源充足、水质优良、稻田附近水体无污染、旱不干雨不涝、能排灌自如。稻田的底质以壤土为好，田底肥而不淤，田埂坚固结实不漏水。

2. 改造与建设

（1）开挖田间沟。沿稻田田埂内侧四周开挖环形沟，沟面积占稻田总面积的 8%，沟宽 1.5~2.5m，沟深 0.6~0.8m。面积在 20~30 亩的稻田还需加挖"十"沟，面积超过 40 亩的，需加挖"#"沟。

（2）加高加宽田埂。利用挖环沟的泥土加宽、加高、加固田埂，打紧夯实。改造后的田埂，要求高度在 0.5m 以上，埂面宽不少于 1.5m，池堤坡度比为 1：（1.5~2）。

（3）建立防逃设施。可使用网片、石棉瓦和硬质钙塑板等材料建造，其设置方法为：将石棉瓦或硬质钙塑板埋入田埂泥土中 20~30cm，露出地面高 50~60cm，然后每隔 80~100cm 处用一木桩固定。稻田四角转弯处的防逃墙要做成弧形，以防止鳖沿夹角攀爬外逃。在防逃墙外侧约 50cm 用高 1.2~1.5m 的密眼网布围住稻田四周，在网布内侧的上端缝制 40cm 飞檐。

（4）完善进、排水系统。进水口和排水口必须成对角设置。进水口建在田埂上，排水口建在沟渠最低处，由 PVC 弯管控制水位。与此同时，进、排水口要用铁丝网或栅栏围住。

（5）晒台、饵料台设置。晒台和饵料台尽量合二为一，在田间沟中每隔 10m 左右设一个饵料台，台宽 0.5m，长 2m，饵料台长边一端搁置在埂上，另一端没入水中 10cm 左右。饵料投在露出水面的饵料槽中。

3. 田间沟消毒

在苗种投放前 10~15 天，每亩沟面积用生石灰 100kg 带水进行消毒。

4. 移栽水生植物

田间沟消毒 3~5 天后，在沟内移栽水生植物，如轮叶黑藻、水花生等，栽植面积控制在沟面积的 25% 左右。

5. 投放有益生物

在虾种投放前后，田间沟内需投放一些如螺蛳、水蚯蚓等有益生物。螺蛳每亩田间沟投放 100~200kg。有条件的还可适量投放水蚯蚓。

**（二）水稻栽培**

（1）品种选择。养鳖稻田一般选择中稻田，水稻品种要选择抗病虫害、抗倒伏、耐肥性强、可深灌的紧穗型品种，目前常用的品种有扬两优 6 号、丰两优香一号等。

（2）栽培。秧苗一般在 6 月中旬前后开始栽插。利用好边坡优势，做到控制苗数、增大穗。采取浅水栽插、宽窄行模式，栽插密度以 30cm×15cm 为宜。在栽培方面要控水控肥，整个生长期不施肥；早搁田控苗，分蘖末期达到 80% 穗数苗时重搁，使稻根深扎；后期干湿灌溉，防止倒伏。为了方便机械收割，一定要烤好田。烤田的时候，鳖就会陆续从田间爬向水沟。

### （三）苗种投放

（1）苗种。宜选择纯正的中华鳖。要求规格整齐，体健无伤，不带病原。放养时需经消毒处理。鳖种规格建议为 0.5kg/只左右。虾种最好选择抱卵虾。

（2）投放时间及放养密度。土池鳖种可在 5 月中旬前后的晴天进行，温室鳖种可在秧苗栽插后的 6 月中旬前后投放，放养密度在 100 只/亩左右。鳖种必须雌雄分开养殖。有条件的地方建议投放全雄鳖种。在田间沟内还要放养适量本地鲫鱼，为小龙虾和鳖提供丰富天然饵料。

虾种投放分两次进行。第一次是在稻田工程完工后投放虾苗。虾苗一方面可以作为鳖的鲜活饵料，另一方面可以将养成的成虾进行市场销售，增加收入。虾苗放养时间一般在 3—4 月，规格一般为 200~400 只/kg，投放量为 50~75kg/亩。第二次是在 8—10 月投放抱卵虾，投放量为 25~30kg/亩。

### （四）饵料投喂

鳖饵料应以低价的鲜活鱼或加工厂、屠宰场下脚料为主。温室鳖种要进行 10~15 天的饵料驯食，驯食完成后不再投喂人工配合饲料。鳖种入池后即可开始投喂，日投喂量为鳖体总重的 5%~10%，每天投喂 1~2 次，一般以 1.5h 左右吃完为宜，具体的投喂量视水温、天气、活饵（螺蛳、小龙虾）等情况而定。

**（五）日常管理**

（1）水位控制。进入 3 月时，沟内水位控制在 30cm 左右，以利提高水温。当进入 4 月中旬以后，水温稳定在 20℃以上时，应将水位逐渐提高至 50~60cm。5 月，可将稻田裸露出水面进行耕作，插秧时田面水位保持在 10cm 左右。6—9 月适当提高水位。小龙虾越冬前（即 10—11 月）的稻田水位应控制在 30cm 左右，这样可使稻苑露出水面 10cm 左右。12 月至次年 2 月小龙虾在越冬期间，水位应控制在 40~50cm。

（2）科学晒田。晒田时，使田块中间不陷脚，田边表土以见水稻浮根泛白为适度。田晒好后，及时恢复原水位，不要晒得太久。

（3）勤巡田。经常检查鳖虾鱼的吃食情况、防逃设施、水质等。

（4）水质调控。根据水稻不同生长期，控制好稻田水位，并做好田间沟的水质调控。适时加注新水，每次注水前后水的温差不能超过 4℃，以免鳖感冒致病、死亡。

（5）虫害防治。每年 9 月 20 日后是褐飞虱生长的高峰期，稻田里有了鳖、虾，只要将水稻田的水位提高十几厘米，鳖、虾就会把褐飞虱幼虫吃掉。

**（六）鳖、虾捕捞**

11 月中旬以后，鳖可捕捞上市。收获鳖时，可先将稻田的水排干，等到夜间稻田里的鳖自动爬上淤泥，用灯光照捕。3—4 月放养幼虾后，2 个月后，将达到商品规格的小龙虾捕捞上市出售，未达到规格的继续留在稻田内养殖，降低密度，促进小规格的小龙虾快速生长。在 5 月下旬至 7 月中旬，采用虾笼、地笼网起捕，效果较好。

### 三、稻鳅共生

泥鳅与水稻共生，不占水面，利用沟坑及稻田水位，以水田中的浮游生物、水稻病虫害的幼虫和非生物资源（稻花）等为食，泥鳅的肠壁很薄，具有丰富的血管网，能够进行气体交换，具辅助呼吸功能，适宜稻田养殖。泥鳅在田中游动，蔬松土壤，鳅粪又可作水稻的肥料，形成良好的生态环境，在收获泥鳅的同时，也提高了大米的质量，提高稻田效益，增加农民收入。经过 4~5 个月的稻鳅管理，当泥鳅规格达到每千克100~120 尾，就可捕捞上市，捕捞泥鳅可先用地虾笼诱捕，入冬后可掘泥而收获。稻田养泥鳅的好处：一是稻田养泥鳅可以做到一水两用、一地双收的效果。每亩稻田不但水稻可保持原产量，还可收获泥鳅 70~100kg，直接提高经济效益。二是泥鳅可直接吃掉水中的部分有害昆虫，起到生物防治病虫害的部分功能，省用农药，减少了粮食污染。三是泥鳅在稻田中的生命活动可起到疏松土壤，促进肥料分解，水稻发棵，谷粒饱满，达到稻鳅双丰收的目的。四是节约饵料，降低养殖成本。泥鳅生长的适应水温为 15~30℃，最适水温 23~27℃，水温高于 32℃则钻入淤泥中栖息，水温低于 7℃潜入泥中冬眠。稻田不但提供泥鳅水域环境，水稻还能为泥鳅提供遮蔽、躲藏的场所，并能提供部分食料。

### （一）稻田选择与田间工程开挖

（1）稻田选择。选择泥质、弱碱性和无冷浸水上冒的稻田都可养殖泥鳅。要求水质清新无污染，水量充沛，排灌方便，田埂坚实不漏水，面积 2~10 亩，以保持一定水位的较低洼稻田为好，黏性土。

（2）挖沟。一般是在田四周开挖"田"或"口"字形水沟，沟宽 2~3m，沟深 0.8~1.2m，沟土用于加固四周田埂。

在田中挖掘若干鱼溜，面积 $2 \sim 3m^2$，深约 50cm，在确定放养的稻田中沿田埂内 $2 \sim 3m$ 处挖一条方形的鱼沟，鱼沟开成"田"字或"井"字形，沟宽 0.5m、深 0.6m。鱼溜与鱼沟相通，便于泥鳅栖息。沟系开挖面积占稻田总面积 10%~15% 为宜。另外根据养殖需要可用小埂将田块分割成若干小块，便于分级放养和管理。

（3）防逃设施。稻田四周一般用石棉板或用砖砌 60~80cm 高的防逃墙（内墙用水泥抹面），或用宽幅 120~150cm 的聚乙烯网片（40~60 目）构筑 60~80cm 高的防逃设施。稻田进排水口均用双层防逃网罩好，以防外逃。

**（二）鳅种放养**

（1）鳅种。鳅鱼最好是来源于泥鳅原种场或从天然水域捕捞的，要求体质健壮无病无伤，年龄在 2 龄，雌性体重 15~25g，雄性体重 12g 以上。

（2）培肥。2 月下旬在稻田灌水前，每亩用生石灰 75~100kg 均匀泼洒，进行清整消毒。亩施发酵过的猪粪 1 000kg，进水经过滤入田，沟内水深 30~40cm，培肥水体，水的透明度为 25cm 左右。

（3）放养密度。在稻田播种 10 多天到半个月，秧苗开始生长根系，就可放养鳅种。亩放 3~5g/尾规格（大于 3cm）的鳅苗 2 万~2.5 万尾。如设计泥鳅亩产 200kg，那么每亩要放养 100~200 尾/500g 规格泥鳅苗 50kg 以上。

（4）消毒。放养前用 3% 的食盐液浸泡 10min，消毒后入田。

**（三）稻谷管理**

（1）稻谷播种。稻谷种植方法可以采取水直播或机插，品种选择株高、秆挺、品质好，产量高的单季水稻品种。稻谷播种时施放适量的基肥，每亩 50kg，种后 10~15 天，亩施尿素 10kg。

（2）施肥。耕田与施肥同时进行。养鳅的稻田采取的施肥办法是"重施基肥，少量多次追肥"。基肥以有机肥、饼粕为主，一般亩施畜禽厩肥 300~400kg，追肥以无机肥为主，一般每次施尿素不超过 4kg/亩；碳铵需拌土制成球肥深施，用量不超过 10kg；磷肥不超过 2kg/亩。化肥不能使用氨水和碳铵，否则会造成泥鳅中毒。

（3）搁田。稻田搁田和平常稻田管理一致，搁田时慢慢降低水位，以确保泥鳅入鱼沟，沟内保持水位 30cm。

（4）除草和施药。稻田出现病虫害时，宜选用对症高效低毒的农药，不能任意加大用药量。粉剂宜在早晨露水未干时喷施，水剂在露水干后使用。施药时喷嘴要斜向稻叶或朝上。尽量将药喷在稻叶上。下雨前不要施农药。施农药最佳时间在插秧前 3~5 天或插秧后 5~7 天。养鱼稻田除草使用低毒高效农药，如吡嘧磺隆、噁草酮等。由于是稻鳅共生养殖，在水稻用药时，必须考虑到不能对泥鳅造成伤害，还要保证泥鳅的食用安全性，如农业部规定的禁用渔药就绝对不能在稻田中使用。

**（四）泥鳅管理**

（1）水质管理。稻田水域是水稻和泥鳅共同的生活环境，在稻田水质管理上，要做到两者兼顾。"前期以水田为主，中后期以泥鳅为主"。田面以上实际水位一般控制在 5cm 以上。早期保持浅水位，稻田平时要保持田面上有 10cm 水，夏季水温保持在 30℃ 以下，及时灌水，加深水位，达到调节水温的目的，到后期 10 月水温降低时露田。养殖期间要定期换水和加水，定期使用光合细菌等生物制剂调节水质。

（2）饵料管理。稻田养殖泥鳅要想取得高产，除施底肥和追肥外，还应每天进行投饵。泥鳅为杂食性鱼类，人工喂养饲料有米糠、麦麸和少量鱼粉、加适量甘薯淀粉粘合团块状饲料，或蚯蚓、蝇蛆等鲜活饲料。前期投饵按鱼体重的1%～1.5%，中期投饵量为鱼体重的3%，后期投饵量为鱼体重的3%～5%。主要投喂植物性饵料，如麦麸、米糠等。投饲量一般按泥鳅总体重的3%～5%计算，也可按实际泥鳅的吃食情况而定，每次投喂的吃食时间以3h为标准。日投喂2次，8—9时、16—17时。阴天和气压低的天气应减少投饵量。注意：泥鳅为杂食性鱼类，在天然水域中以昆虫幼虫、水蚯蚓、底栖生物、小型甲壳类动物、植物碎屑、有机物质等为食。在稻田养殖时，泥鳅可以充分利用稻田里的天然饵料，但由于要追求一定的泥鳅产量，光天然饵料是不够的，还需要投喂人工饲料。建议投喂浮性颗粒饲料，日投喂2次，9—10时、17—18时。投饲量一般按泥鳅总体重的3%～5%计算，上午投喂日饵量的40%，下午投喂日饵量的60%。也可按泥鳅实际的吃食情况而定，每次投喂的饵量以2h吃完为标准。还有就是饲料的粗蛋白含量要达到35%以上才能满足泥鳅的生长需要。

（3）防敌害。泥鳅的生物敌害较多，种类有水蛇、鸭、乌鱼、黄鳝等；青蛙、水鼠、鳖、水蜈蚣、红娘华等水生昆虫。在放养鳅种前彻底清塘，清除池边杂草，保持养殖环境卫生，进水口要用铁筛网围拦好，防止野杂鱼随流水进入池中。饲养管理期间，要及时清除生物敌害，严防敌害生物侵入，如发现蛙类应及时捕捉，蛙卵要及时打捞干净。水鸟也是泥鳅的天敌。要防止水鸟对泥鳅的伤害，可在稻田的东西向（或南北向）每隔30cm打一个相对应的木（竹）桩，每个木（竹）桩高20cm，打入田埂10cm，用6磅胶丝线（直径0.2mm）在两两相对应的两个木（竹）桩上栓牢、绷直，形状就像在稻田上面画一排排的平行线。由于胶丝线抑制了水鸟的飞行动作，就限制了水鸟对泥鳅的捕食。

（4）防逃。泥鳅的逃逸能力较强，进排水口、田埂的漏洞、垮塌，大雨时水漫过田埂等都易造成泥鳅的逃逸，因此，养殖泥鳅的稻田都要加高加固田埂，扎好进排水口，做到能排能灌。有条件的话，在稻田四周围一圈网片，可以较好地起到防逃的效果。

（5）日常管理。日巡田 2 次，检查防逃设施，特别是雨天注意仔细检查漏洞。防止天敌入侵（如水蛇、鸭等），观察泥鳅的活动和摄食情况。严禁含有甲胺磷、毒杀酚、呋喃丹、五氯酚钠等剧毒农药的水流入。

**（五）捕捞方法**

（1）冲水捕捞，在靠近水口的地方，铺上网具，从进水口放水，因泥鳅有逗水特性，待一定时间后将网具提起捕获。此法适于水温 20℃ 左右，泥鳅爱活动时进行。

（2）饵料诱捕，把炒香的糠或麸皮放在竹笼内，将笼置于沟内诱鳅入笼。

（3）干田捕捉，慢慢放干田水，使泥鳅集中到沟土裸露处捕捉。

**（六）运输方法**

竹篓运输。泥鳅多为鲜活销售，如运输不当易导致死亡，造成损失。可用竹篓运输，每只竹篓装泥鳅 25kg，装运时在竹篓底部铺上塑料薄膜，加水 2~2.5kg，然后放入活泥鳅；运输途中，每隔 1.5h 加 1 次水，可确保泥鳅鲜活。

# 第三节　果树立体生态种植模式及应用

随着人类的开发和利用，生态环境正逐渐恶化，已受到全世界的关注。在世界环境保护的呼声愈来愈高的形势下，改善不合理种植方式、建立科学合理的立体生态种植模式是我国农业发展向着生态化、可持续方向发展的目标，果树立体生态种植模式正是顺应这一趋势应运而生的产物。

## 一、果树立体生态种植模式

立体生态种植模式采用以果为主，果蔬、果瓜、果草、果药间作的模式。按照不同间作类型，进行不同比例的栽种。间作主要包括马铃薯、苜蓿等作物，以 1~4 年的作物和 5~7 年的作物为主。根据土质、地形来配置栽植密度。

以草生栽培为例，在果园的梯埂上种植黄花菜，在园面上套种有豌豆、黄豆等豆科植物、保护并改良果园土壤。栽植密度有 3m×5m、2.5m×3m 两种。前者的株行距间主要适用于马铃薯、大葱、蒜等间作物；后者的株行距间可以更好地提高前期产量到盛果期后间伐。通过改造之后的果园，山地水利设施配套齐全、水土保持良好、植物种群多样、果园生态环境大大改善，有效地促进了果业的可持续发展。

## 二、技术效果

第一，采用立体生态种植模式的农作物产量偏低，但间作物的产量普遍提高，增加了单位土地面积的利用率，对土壤结构和果蔬的生存环境有所改善。随机取样 5 株树，每株从不同部位取 10 个枝条进行测定，按照果品等级、重量、箱装进行分类，其中杏、李一级果在 70g 以上，二级果在 60~70g；桃子一级果 350g 以上，二级果 300~350g；柿子一级果 150g 以上，二级果 120~150g。

第二，果树生长发育的可控性增强。可以通过专业标准化配方的开发，为果园提供最科学的矿质元素供应管理，不会像单一栽培模式一样，施肥难以精准化。例如福建永安市西洋镇立体种植园区在进行了土壤检测后，根据计算结果得出了配方施肥方案为：初果期每株施入腐熟厩肥50kg，盛果期为80kg；初果期施入尿素0.26kg/株，盛果期0.38kg/株，其他如硫酸二铵、硫酸钾等也要相应调整。在同一个单位土地栽植中，每株果蔬的长势都更加均匀，由于使用了与果蔬特性相对应的肥水管理，单株差异少，树相整齐，产量与品质相对统一。同时，也可以根据果蔬的生长发育阶段与生理需要，灵活配制营养液，调节浓度，如针对近成熟期可以通过提高营养液浓度来增加肥力，或添加生长调节剂促进果树的生长发育。经过这种肥力技术进行栽培的果蔬和间作物都收到了很好的效益，比单一采用青果或者农作物的种植模式的收入明显增加。

第三，立体生态种植模式的果品等级明显高于清耕果园的果品等级。由于立体生态种植模式下果园生态环境更好，果蔬更加能被激发出生长的潜力，形成的果形品相端正、单果重、产量均有所增加。再加上立体生态种植模式下的果园内湿度适应，果色比单一种植模式的果品色彩更加靓丽，含糖量也增加了，果耐贮性非常好，不易发生变质、干裂、衰败等情况，果品的外观和品质都能得到保证。

果农在果园中立体养殖猪鸡鸭等家禽和套种经济作物的现象已经比较普遍。打破了传统的农业生产模式，一年四季都有收成，还可以使资源再利用，生态环境得到有力保护，大力推进了立体生态果园种植模式。

## 三、发育情况

首先，从自然灾害的抵抗力来看，不同果树品种，适应性不同。同时，管理到位不到位也会影响果蔬的发育。加强幼小果蔬的护理和管理，对于果蔬的生长非常重要。

其次，土壤的质量对于果蔬的发育也很关键，实践证明，不同系统、温度、深度的栽植会影响到立体种植规模。通过在6时与14时的测量，土壤温度的变化幅度均以立体种植模式最小，说明该模式下土壤的热密度大、土温稳定，而空气湿度也比清耕或单种模式分别提高1.7%和1.2%，都属于最有利于果蔬和农作物的根系生长的环境。

最后，空气湿度在立体种植模式下保持得较好，因为立体种植模式的密度可以保持空气湿度不散发，有利于果蔬的生长发育。

## 四、效益情况

从生态效益看，立体生态种植对于耕地的利用率非常高，可以多层次、多项目地利用单位土地的资源，提高综合生产力，有利于生态平衡，形成稳定的生态系统。从经济效益上，立体生态种植模式增加了单位土地面积上果蔬的产量，而且降低了生产成本。从社会效益上看，立体生态种植模式可以提供更加丰富的农副产品，解决社会过剩劳动力问题。从发展前景看，立体生态种植模式增加了果蔬的光合作用，扩大光合面积，提高果蔬的光能利用率，土壤的养分被更加合理的利用起来，对于增加单位面积的果蔬产量和质量，实现农业增长有很大的意义。总之，立体生态种植模式的经济效益很高，如种植豆类和牧草提高了土壤肥力，种植蔬菜收益高，种植蒜类增加了防虫能力，种植高大果树和低矮果树等，形成了搭配合理的态势，值得大力推广。

当前我国农业正处于从传统向现代化农业升级转型的关键时期，果树立体种植模式带来的不仅是广泛的发展前景，还有更多的经济效益，也为我国由产品单一、供给短缺的农业发展态势转向产业化经营、适应市场需求的强质产业转变提供了有力的支持。

# 第九章　生态循环养殖技术

## 第一节　生态循环养畜

　　家畜，尤其是猪在我国畜牧业中占十分重要的地位。生态循环养畜是生态循环养殖体系中一个重要组成部分。发展生态循环养畜是农畜商品经济发展和净化环境的需要。当前，我国的生态循环养畜是以饲料能源的多层次利用为纽带，以家畜饲养为中心的种植、养殖、沼气、水产等多业有机结合的生态系统。这种突出种养结合的生态循环养殖系统，在动物养殖业效益较低的情况下，对稳定畜牧业发展，促进农、林、牧、副、渔全面发展，解决畜牧发展与环境的矛盾，有着重要作用。

### 一、生态循环养畜的特点

#### （一）高效生态循环养畜适合中国国情

　　自 20 世纪 80 年代以来，由于中外合资畜牧企业的出现及从国外引进全套养殖设备，家畜工厂化养殖在沿海及部分城市兴起。这种全封闭或半封闭、高密度养殖方式确能大大提高生产率。但这种高刻度养畜必须有一整套环境工程设施。需高投入、高能耗，如广东引进美国三德万头猪生产线，猪舍及部分设备 70 万美元，国内配套设施 40 万元。每出栏 1 头 100kg 肉猪耗电近 30 度，全场日耗水 150~200m³。若某一个环节上出现问题，就有可能导致全场崩溃。所以，这种高投入、高能耗的养畜方式，只能产品在生猪价格较高时才能获取利润。再从传统的动物养殖方式看，以养猪业为例，由于养猪资金的利润率和贷款利润率差不多，养猪劳动收入又低于其他行业的平均收入。据调查，一些已具相当规模和集约水平的猪场经常处于微利水平，受猪周期的影响，导致许多猪场倒闭或转产。生态循环养畜系统按不同生态地理区域，把传统的养殖经验和现代的科学技术相结合，运用生物共生原理，把粮、草、畜、禽、鱼、沼气、食用菌等联系起来构成一个生态循环体系，以最大限度地利用不同区域内各种资源，降低成本，搞好生产效率。这是适应中国国情的。

### （二）有利于净化环境

畜禽粪便等废弃物对环境的污染，日益受到人们的关注。据测算，1 头猪年产粪尿 2.5t，若以生化需要量（BDD）换算，相当于 10 个人年排出的粪尿量，那么养 100 万头肉猪就相当于 1 000 万人的粪尿量，其污染负荷若对一个城市来说将是不堪设想的。这也就是 20 世纪 60 年代后一些欧洲国家出现的"畜产公害"。生态循环养畜强调牧、农、渔有机结合，畜禽粪肥除用作肥料，还可作为配合饲料中的一部分，直接为鱼等动物所取食利用，这不仅降低了生产成本，而且为粪便处理提供了可行途径，净化了环境，体现了高的生态效益。

### （三）有利于物质的多层次利用

沼气和食用菌是生态循环养畜生物链中最常用的生态接口环节。畜禽饲料能量的 1/4 左右随粪便排出体外，利用高能量转化率的沼气技术，不仅可以保护养殖场环境、改善劳动卫生状况，解决当前能源紧缺，同时沼渣可作为新的饲料、培养食用菌或作肥料。最近研究表明，可以从沼渣中提取维生素 $B_{12}$。食用菌则既是有机废物分解者，又是生产者，促进了生物资源的循环利用。经培养食用菌的菌渣，其粗蛋白质和粗脂肪含量提高了 1 倍以上，用菌渣喂猪、牛其效果与玉米粒相同。用某些菌种处理小麦秸秆制成的菌化饲料喂奶牛，可提高产奶量15%。经沼气或食用菌生态接口环节形成的腐屑食物链，可增加产品输出，搞好生物能利用率，提供新的饲料源。所以，生态循环养畜工程实现了物质的多层次利用，系统效益自然得到提高。

### （四）牧渔结合有效地发挥水体的作用

陆地的畜禽养殖和水体鱼类养殖相结合，延长了食物链，增加了营养层次，可充分利用和发挥池塘、湖泊等水体的生产力。如西安种畜场利用猪粪尿发展绿萍等水生植物，最高年产量达 5 万 kg/亩，折粗蛋白质量为 669kg，相当于 9 亩大豆的蛋白质产量。光能利用系数达 6.6%，直接为养畜、鱼类提供了优质饲料和饵料。同时水塘具有蓄水集肥等作用，可有效地减少物质的流失，使之沉积在塘泥中为初级生产提供优质肥料。

## 二、生态循环养畜模式

近几年来，各地运用生态系统的生物共生和食物链原理及物质循环再生原理，创立了多种生态循环养畜模式，形成了不同特点的综合养畜生产系统。现将几种主要模式介绍如下。

### （一）粮油加工—副产品养畜—畜粪肥田模式

（1）粮食酿酒—糟渣喂家畜—粪肥田。

（2）粮食酿酒—糟酒喂家畜—粪入稻田—稻鱼共生。

（3）浆渣利用模式。

### （二）粮食喂鸡—鸡粪喂猪—粪制沼气或培育水生植物

（1）粮食喂鸡—鸡粪喂猪—粪入渔塘—塘泥肥田。

（2）鸡、兔粪喂猪—粪制沼气—沼渣肥田。

（3）鸡粪喂猪—粪制沼气—沼液养鱼、沼渣养蚯蚓—蚯蚓喂鸡。

（4）鸡粪喂猪—粪尿入池培育绿萍—绿萍喂畜或鱼。

**（三）秸秆、草喂草食动物—粪作食用菌培育料**

（1）秸秆、野草喂牛—粪作蘑菇培养料—脚料养蚯蚓—蚯蚓喂鸡—鸡粪喂猪—猪粪肥田。

（2）种草喂牛、羊、兔—粪制沼气—沼渣培养食用菌沼液养鱼。

（3）种草养牛—粪养蚯蚓—蚯蚓喂鱼—塘泥种草。

## 三、糟渣养猪技术

糟渣（包括饼粕）是一类资源量很大的农副产品。糟渣养猪是生态循环养殖的主要内容。生态循环养殖的中心内容就是把加工业、养猪业、种植业紧密地结合起来，形成一个有机的生态循环系统，扩大能流和物流的范围，把各种废弃物都利用起来，作为养猪业的饲料资源，从而保持生态平衡，争取较高的经济效益和生态效益，实现良好循环。

**（一）加工副产品的种类和营养价值**

加工副产品种类很多，这里仅列举一些主要种类介绍如下。

1. 豆饼

豆饼是大豆榨油后的副产品，是一种优质蛋白质饲料。一般含粗蛋白质43%左右，且蛋白质品质较好，必需氨基酸的组成合理，种类齐全，富含赖氨酸和色氨酸；粗脂肪含量为5%，粗纤维6%；含磷较多而钙不足，缺乏胡萝卜素和维生素D，富含核黄素和烟酸。

2. 棉籽饼

棉籽饼为提取棉籽油后的副产品。一般含粗蛋白质 32%～37%，含磷较多而含钙少，缺乏胡萝卜素和维生素 D。但棉籽饼含有棉酚，对动物具有毒害作用。

3. 花生饼

一般含粗蛋白质 38%左右，赖氨基酸与蛋氨酸的含量比豆饼少，尼克酸的含量较高，是猪的良好蛋白质补充饲料。

4. 粉渣和粉浆

粉渣和粉浆是制作粉条和淀粉的副产品，质量的好坏随原料而有不同，如用玉米、甘薯、马铃薯等做原料产生的粉渣和粉浆，所含的营养成分主要是残留的部分淀粉和粗纤维，蛋白质含量较低且品质较差。无机物方面，钙和磷含量不多，也不含有效的微量无机物。几乎不含维生素 A、维生素 D 和 B 族维生素。

5. 酒糟和啤酒糟

酒糟是酿酒工业的副产品，由于所用原料多种多样，所以其营养价值的高低也因原料的种类而异。酒糟的一般特点是无氮浸出物含量低，风干样本中粗蛋白质含量较高，可达到20%～25%，但蛋白质品质较差。此外，酒糟中含磷和 B 族维生素很丰富，但缺乏胡萝卜素、维生素 D，并残留一定量的酒精。

啤酒糟是以大麦为原料制作啤酒后的副产品。鲜啤酒糟的水分含量在 75%以上，干燥啤酒糟内蛋白质含量较多，约为25%，粗脂肪质含量也相当多。此外，由于啤酒糟里含有很多大麦麸皮，所以粗纤维含量也较多。

6. 豆腐渣

豆腐渣是以大豆为原料加工豆腐后的副产品，鲜豆腐渣含水 80%以上，粗蛋白质 4.7%，干豆腐渣含粗蛋白质 25%左右。此外，生豆腐渣中还含有抗胰蛋白酶，但缺乏维生素。

7. 酱油渣

酱油渣是以豆饼为原料加工酱油的副产品。酱油渣含水 50%左右，粗蛋白质 13.4%，粗脂肪 13.1%。此外，酱油渣含有较多的食盐（7%~8%），故不能大量用来喂猪。

**（二）利用加工副产品养猪**

1. 豆饼

豆饼是猪的主要蛋白质饲料，用豆饼喂猪不会产生软脂现象。在豆饼资源充足的情况下，可以少喂动物性蛋白质饲料（如鱼粉等），甚至可以不喂，以降低饲料成本。豆饼宜煮熟喂，以破坏其中妨碍消化的有害物质（抗胰蛋白酶等），提高消化率并增进适口性。豆饼的喂量，在种类猪的日粮中可占 10%~25%。

2. 棉籽饼

棉籽饼的最大缺点是含有棉酚，喂量过多、连续饲喂时间过长或调制不当，常易引起中毒。棉籽饼可分机榨饼和土榨饼两种。机榨饼比土榨饼（未经高温炒熟）含毒量低，在有充足青饲料的条件下，未经处理的机榨饼只要喂量不超过 10%，一般不会发生中毒现象。土榨饼含毒量高，用作饲料时必须经过去毒处理。棉籽饼的脱毒方法，目前公认的最方便有效的方法是硫酸亚铁法，用 1%硫酸亚铁水溶液浸泡一昼夜后，连同溶液一起饲喂。也可对棉籽饼进行加热处理，蒸煮 2~3h 即可使棉酚失去毒性。此外，用 100kg 水加草木灰 12~25kg（或加 1~2kg 生石灰），沉淀后取上清液，浸泡棉籽饼一昼夜，水与饼之比为 2∶1，清水冲洗后即可饲喂。去毒后的棉籽饼育肥猪可占日粮的 20%，但喂 1~2 个月后，需停喂 7~10 天，并多喂青饲料和适当补充矿物质饲料。母猪可喂到 15%，妊娠母猪、哺乳母猪以及 15kg 以下的仔猪最好不喂。

3. 花生饼

花生饼也是猪的优质蛋白质饲料，可单独饲喂，也可与动物性蛋白质饲料饲喂。由于花生饼的氨基酸组成中缺乏赖氨酸和蛋氨酸，补喂动物性蛋白质饲料以补充缺乏的氨基酸效果更好。猪喜食花生饼，但喂量不可过多，否则可致体脂变软，一般花生饼在猪日粮中的比例以不超过 15% 为宜。

4. 粉渣和粉浆

由于粉渣和粉浆的营养价值低，如长期大量用来喂猪，可使母猪产生死胎和畸形仔猪，仔猪发育不良，公猪精液品质下降等。因此在大量饲喂粉渣时，必须补充蛋白质饲料、青饲料和矿物质饲料。干粉渣的喂量，幼猪一般在 30% 以下，成猪在 50% 以下。

5. 酒糟和啤酒糟

酒糟不适于大量喂种猪，特别是妊娠母猪和哺乳母猪，否则易出现流产、死胎、怪胎、弱胎和仔猪下痢等情况。这主要是由于酒糟中含有一定数量的酒精、甲醇等的缘故。为了提高出酒率，常在原料内加入大量稻壳，猪采食后不易消化，因此酒糟最好晒干粉碎后再喂。

酒糟所含养分不平衡，属于"火性"饲料，大量饲喂易引起便秘，所以喂量不宜过多，最好不超过日粮的 1/3，并且要搭配一定量的玉米、糠麸、饼类等精料，并补充适量的钙质，特别是要多搭配一些青饲料，以弥补其营养缺陷并防止便秘。

啤酒糟体积大，粗纤维多，所以应限制其喂量，在猪日粮中的比例以不超过 20% 为好。

6. 豆腐渣

豆腐渣含水多，容易酸败，生豆腐渣中还含有抗胰蛋白酶，喂多了易拉稀。饲喂前要煮熟，破坏抗胰蛋白酶，并注意搭配青饲料和其他饲料。

7. 酱油渣

酱油渣含有较多的食盐，所以不能大量用来喂猪，否则易引起食盐中毒。干酱油渣在猪日粮中的用量以 5% 左右为宜，最多不超过 7%，一般作为猪的调味饲料使用。同时注意不用变质的酱油渣喂猪。

# 第二节　草牧沼鱼综合养牛

草牧沼鱼综合养牛的中心内容是秸秆（草）养牛—牛粪制沼气—沼渣和沼液喂鱼。

## 一、作物秸秆营养特点

作物秸秆产量多，来源广，是牛等草食动物冬春两季的主要饲料来源，其营养特点如下。

（1）粗纤维含量高，在 18% 以上，有的甚至超过 30%。

（2）无氮浸出物（NFE）中淀粉和糖分含量很少，主要是一些半纤维素 NFE 的消化率低。如稻草 NFE 的消化率仅为 45%。

（3）粗蛋白质含量低，蛋白质品质差，消化率低。

（4）豆科作物秸秆中一般含钙较多，而磷的含量在各种秸秆中都较低。

（5）作物秸秆含维生素 D 较多，其他维生素的含量都较低，几乎不含胡萝卜素。

## 二、秸秆喂牛技术

作物秸秆，如麦秸、玉米秸和稻草等很难消化，其营养价值也很低，直接使用这类秸秆喂牛的效果很差，甚至不足以满足牛的维持营养需要。若将这类饲料经过适当的加工调制，就能破坏其本身结构，提高消化率，改善适口性，增加牛的采食量，提高饲喂效果。秸秆加工调制的方法主要如下所示。

### (一) 切短

切短的目的利于咀嚼，减少浪费并便于拌料。对于切短的秸秆，牛无法挑食，而且适当拌入糠麸时，可以改善适口性，提高牛的采食量。"寸草铡三刀，无料也上膘"是很有道理的。秸秆切短的适宜长度以 3~4cm 为宜。

### (二) 制作青贮料

青贮是能较长时间保存青绿饲料营养价值的一种较好的方法。只要贮存得当，可以保存数年而不变质。

青贮可分为一般青贮、低水分青贮和外加剂青贮。这几种青贮的原理，都是利用乳酸菌发酵提高青贮料的酸度，抑制各种杂菌的活动，从而减少饲料中营养物质的损失，使饲料得以保存较长的时间。利用青贮窖、青贮塔、塑料袋或水泥地面堆制青贮饲料时，都要求其设备便于装取青贮料，便于把青贮原料压紧和排净空气，并能严格密封，为乳酸菌活动创造一个有利的环境。

1. 一般青贮方法

我国通常采用窖式青贮法（地下窖、半地下窖等）。窖的四壁垂直或窖底直径稍小于窖口直径，窖深以 2~3m 为宜。这样的窖容易将原料压紧。原料的适宜含水量为 60%~80%。为便于压实和取用，应将青贮原料铡短为约 1 寸（1 寸 ≈

3.33cm）。边装边压实，窖壁、窖角更需压紧。一般小窖可用人工踩踏，大窖可用链轨式拖拉机镇压。

装满后立即封窖。可先在上面铺一层秸秆，再培一层厚约1尺（1尺≈33.3cm）的湿土并踩实。如用塑料薄膜覆盖，上面再压一层薄土，能保持更加密闭的状态。封窖后3~5天内应注意检查，发现下沉时，须立即用湿土填补。窖顶最好封成圆弧形，以防渗入雨水。

2. 低水分青贮法

低水分青贮法又称半干青贮法，这种青贮料营养物质损失较少。用其喂牛，干物质采食量和饲料效率（增重和产奶）分别较一般青贮约提高40%和50%以上。低水分青贮料含水量低，干物质含量较一般青贮料多1倍，具有较多的营养物质，适口性好。

制作方法是将原料刈割后就地摊开，晾晒至含水量达50%左右，然后收集切碎装入窖内，其余各制作步骤均与一般青贮法相同。

3. 外加剂青贮

主要从3个方面来影响青贮的发酵作用：一是促进乳酸发酵，如添加各种可溶性碳水化合物，接种乳酸菌、加酶制剂等，可迅速产生大量乳酸，使pH值很快达到3.8~4.2；二是抑制不良发酵，如加各种酸类、抑制剂等，可阻止腐生菌等不利于青贮的微生物生长；三是提高青贮饲料营养物质的含量，如添加尿素、氨作物，可增加青贮料中蛋白质的含量。

这3个方面以最后一种方法应用较多。其制作方法一般是：在窖的最底层装入50~60cm厚的青贮原料，以后每层为15cm，每装一层喷洒一次尿素溶液。尿素在贮存期内由于渗透、扩散等物理作用而逐渐分布均匀。尿素的用量每吨原料加

3~4kg。其他制作法与一般青贮法相同，窖存发酵期最好在 5 个月以上。

### (三) 秸秆的碱化处理

19 世纪末，人们就开始用碱处理秸秆来提高消化率的试验。1895 年法国科学家 Lehmann 用 2%NaOH 溶液处理秸秆，结果使燕麦秸秆的消化率从 37%上升到 63%。Beckmann 于 1919 年总结出了碱处理的方法：在适宜的温度下，用 1.5%的 NaOH 溶液浸泡 3 天。后来的研究又指出，浸泡时间可缩短到 10~12h。随着进一步的研究，以后又发展了用氨水、无水氨和尿素等处理秸秆的方法，对提高秸秆的营养价值起到了一定的作用。

碱化处理的原理是：秸秆经碱化作用后，细胞壁膨胀，提高了渗透性，有利于酶对细胞壁中营养物质的作用，同时能把不易溶解的木质素变成易溶的羟基木质素，破坏了木质素和营养物质之间的联系，使半纤维素、纤维素释放出来，有利于纤维素分解酶或各种消化酶的作用，提高了秸秆有机物质的消化率和营养价值。如麦秸以碱化处理后，喂牛消化率可提高 20%，采食量提高 20%~45%。

#### 1. 氢氧化钠处理

用氢氧化钠处理作物秸秆有两种方法，即湿法和干法。湿法处理是用 8 倍秸秆重量的 1.5%NaOH 溶液浸泡秸秆 12h，然后用水冲洗，直至中性为止。这样处理的秸秆保持原有结构与气味，动物喜食，且营养价值提高，有机物质消化率提高 24%。湿法处理有两个缺点，一费劳力，二费大量的清水，并因冲洗可流失大量的营养物质，还会造成环境的污染，较难普及。Wilson 等（1964）建议，改用氢氧化钠溶液喷洒，每 100kg 秸秆用 30kg 1.5%氢氧化钠溶液，随喷随拌，堆置数天，不经冲洗而直接饲喂，称为干法。秸秆经处理后，有机物的消化率可提高 15%，饲喂牛后无不良后果。该方法不必用水冲洗，因而应用较广。

2. 氨处理

很早以前，人们就知道氨处理可提高劣质牧草的营养价值，但直到 1970 年后才被广泛应用。为适用不同地区的特定条件，其处理方法包括无水氨处理、氨水处理及尿素处理等。

（1）无水液氨处理。氨化处理的关键技术是对秸秆的密封性要好，不能漏气。无水氨处理秸秆的一般方法是，将秸秆堆垛起来，上盖塑料薄膜，接触地面的薄膜应留有一定的余地，以便四周压上泥土，使呈密封状态。在垛堆的底部用一根管子与装无水液氨的罐相连接，开启罐上的压力表，按秸秆重量的 3% 通进氨气，氨气扩散很快，但氨化速度较慢，处理时间取决于气温。如气温低于 5℃，需 8 周以上；5~15℃需 4~8 周；15~30℃需 1~4 周。氨化到期后，要先通气 1~2 天，或摊开晾晒 1~2 天，使游离氨挥发，然后饲喂。

（2）氨水处理。用含量 15% 的农用氨水氨化处理，可按秸秆重量 10% 的比例把氨水均匀喷洒于秸秆上，逐层堆放，逐层喷洒，最后将堆好的秸秆用薄膜封紧。

（3）尿素处理。尿素使用起来比氨水和无水氨都方便，而且来源广。由于秸秆里存在尿素酶，尿素在尿素酶的作用下分解出氨，氨对秸秆进行氨化。一般每 100kg 秸秆加 1~2kg 尿素，把尿素配制成水溶液（水温 40℃），趁热喷洒在切短的秸秆上面，密封 2~3 周。如果用冷水配制尿素溶液，则需密封 3~4 周。然后通气一天就可饲喂。

秸秆经氨法处理，颜色棕褐，质地柔软，牛的采食量可增加 20%~25%，干物质消化率可提高 10%，其营养价值相当于中等质量的干草。

### (四) 优化麦秸技术

小麦秸用于喂牛虽有多年历史，但由于原麦秸营养价值低、粗纤维含量高，适口性差，饲喂效果不够理想。

由莱阳农学院（现青岛农业大学）研制出了一种利用高等真菌直接对小麦秸优化处理的生物学处理方法。经过多年经验，初步筛选出比较理想的莱农 01 和莱农 02 优化菌株，并研究出简便易行的优化生产工艺。结果表明，高等真菌优化麦秸后，不仅能使纤维素和木质素降解，而且可使高等真菌的酶类与秸秆纤维产生一系列生理生化和生物降解与合成作用，从而使小麦秸的粗蛋白质和粗脂肪的含量大幅度提高，而粗纤维的含量则显著下降。

优化麦秸的方法为：将质量较好的麦秸，放入 1%~2% 的生石灰水中浸泡 20~24h，以破坏麦秸本身固有的蜡质层，软化细胞壁，使菌丝容易附着。捞出麦秸后，空掉多余的水分，使麦秸的含水量在 60% 左右。然后采用大田畦沟或麦秸堆垛方式进行菌化处理，每铺 20cm 厚的麦秸，接种一层高等真菌，后封顶，防止漏水。一般经 20~25 天的菌化时间，菌丝即长满麦秸堆，晒干后即可饲喂。

据试验，优化麦秸喂牛，适口性好，采食量大，生长发育好，平均日增重为 681g，比氨化麦秸和原麦秸分别提高 216g 和 304g。

### 三、沼液喂鱼技术

搞好养猪、养鸡和养牛业的同时，结合办沼气，利用沼肥养鱼，是解决渔业肥料来源，降低生产成本，充分利用各种资源，加快系统内能量和物质的流动，净化环境，提高经济效益和生态效益的一种新途径，也是生态渔业的一种新模式。

湖南省平江县三兴水库是一座小型水库，库容 140 万 m³，灌田 3 035 亩，养鱼水面 73 亩。1980 年开始养鱼，到 1984 年止，5 年共产鱼 3 万 kg，年均亩产 82kg。1985 年建起沼气池，利用沼肥养鱼，至 1987 年，3 年平均亩产鱼 157kg，比前 5 年每亩增产 75kg。1985 年该库为了增强渔业后劲，进一步发展养猪、养鸡业，开辟新的肥料来源。平均每亩水面配养猪 1.5 头，共养猪 100 多头，年产粪 25t；年养鸡 5 000 只，产粪 45t。建容积为 47m³ 的沼气池一个，大部分人畜粪先入池制作沼气。沼渣、沼水下库养鱼，形成猪粪、鸡粪制沼气，沼肥养鱼生态循环模式，使鱼产量大幅度提高，成本下降。

人畜粪制取沼气后有 3 个方面的优点。一是肥料效率提高。人畜粪在沼气池中发酵，除产生沼气外，在厌氧情况下产生大量的有机酸，把分解出来的氨态氮溶解吸收，减少了氮态损失，因而提高了肥效。二是肥水快。肥料在沼气池中充分发酵分解，投入库中能被浮游植物直接利用，一般施肥后 3~5 天水色发生明显变化，浮游生物迅速繁殖，达到高峰。比未经沼气池发酵直接投库的肥料提早 4 天左右。三是鱼病减少。投喂沼渣和沼水后，鱼病很少发生。

实践证明，库区发展养牛、养猪、养鸡，用其粪便和杂草制沼气，沼渣、沼水养鱼，是解决水库养鱼饲料来源的有效措施，也是生态渔业的一种模式，其特点是能使各个环节有机结合，互补互利，形成一个高效低耗、结构稳定可靠的水陆复合生态系统。

## 第三节　生态循环养禽

生态循环养禽，是应用生态工程原理，通过农、牧、渔的有机结合，把规模化养禽业与其他养殖业以及资源利用、环境保护结合起来，充分利用各种资源，提高物质利用率，加快系统内能量的流动和物质的循环，提高经济效益、社会效益和生态效益，促进养禽业的发展。

生态循环养禽的特点如下。

## 一、禽类对动物蛋白的需要

蛋白质是生命的物质基础，是构成禽体细胞的重要成分，也是构成禽产品——肉和蛋的主要原料。家禽在生长发育、新陈代谢、繁殖和生产过程中，需要大量蛋白质来满足细胞组织的更新和修补的要求，其作用是其他物质无法代替的。

由于禽蛋白质中含有各种必需氨基酸，而禽体内又不能合成足够数量的必需氨基酸满足代谢和生产的需要，必须由饲料中供给。禽类对蛋白质的需要，实质上是对各种必需氨基酸的需要，如鸡生长需要 11 种必需氨基酸。就不同种类蛋白质饲料来说，动物性蛋白饲料较植物性蛋白质饲料所含的必需氨基酸种类齐全，数量也较多，特别是赖氨酸、蛋氨酸、色氨酸 3 种限制性氨基酸的含量比植物性蛋白质高得多，其生物学价值也较高。因此，动物性蛋白质饲料是家禽日粮中必需氨基酸的重要来源，但动物性蛋白质饲料来源日趋紧张，如鱼粉主要靠国外进口，成本高。所以，解决家禽对动物蛋白需要的矛盾已迫在眉睫。

生态循环养禽正是解决这一矛盾的关键。例如，用畜禽粪便养殖蚯蚓，再用蚯蚓喂鸡，是实现物质循环、解决禽类动物性蛋白质饲料来源的有效途径。据测定，蚯蚓干体中蛋白质的含量为 66%，接近于秘鲁鱼粉，在禽类的日粮中可用蚯蚓替代等量的鱼粉，且成本低，效果好。

实践证明，用蚯蚓喂肉鸡、产蛋鸡和鸭，可以提高增重，节约粮食，多产蛋，降低成本。更主要的是解决了禽类动物性蛋白饲料来源的不足。

此外，在生态循环养禽实践中，也可用禽类粪便养殖蝇蛆，其蛋白质含量为 60%，必需氨基酸含量齐全，也是禽类良好的蛋白质饲料来源。

## 二、禽类消化特点与禽粪营养价值

搞好生态循环养禽，必须首先了解家禽的消化特点以及禽粪的营养价值，然后加以综合利用。

1. 禽类消化特点

家禽消化道结构与家畜明显不同。家禽有嗉囊和肌胃，喙啄食饲料进入口腔，通过食道进入嗉囊存留，停留时间一般为 2~15h，而后饲料通过肠道进入肌胃，在肌胃中借助于砂粒磨碎饲料；家禽消化道短、容积小，饲料通过时间短（2~4h），对营养物质的消化利用率低。此外，家禽消化道无酵解纤维素的酶，故对粗纤维的消化力差，盲肠只能消化少量的粗纤维。

2. 禽粪营养价值

家禽由于消化道较短，消化吸收能力差，很多营养物质随粪便排出体外。因此，禽粪中残存的营养物质很多。目前对禽粪再利用研究较多的是鸡粪。在鲜鸡粪中含有干物质 26.49%、粗蛋白 8.17%、粗脂肪 0.96%、粗纤维 3.86%、粗灰分 5.2%、无氮浸出物 8.27%、磷 0.50%、钾 0.40%。干鸡粪中所含的营养物质与麸皮、玉米、麦类等谷物饲料相似。

鸡粪中还含有丰富的 B 族维生素，其中以维生素 $B_{12}$ 较多。鸡粪中还含有全部必需氨基酸，其中赖氨酸（0.51%）和蛋氨酸（1.27%）含量均超过玉米、高粱及大麦等谷物饲料。鸡粪中还含有多种矿物质元素。因此，开发鸡粪作为畜牧业生产的饲料，是目前国内外鸡粪处理利用研究的热点。

## 第四节　林下养鸡

随着我国产业结构调整，退耕还林、还草政策的实施，有些地区种植了大面积的林地。随着林木的不断增长，林中土地越来越不适合进行粮食生产。因而，产生大量的林地空闲区，为了提高土地利用率，以林下养鸡为主的林下经济模式在全国迅速发展起来。

由于畜牧业附加值高，发展畜禽生产能增加农民收入，尤其是家禽生产投资低，见效快，成为各地发展的对象。通过林地进行家禽生产，利用空闲地种草进行生态养殖，可以实现以下目的。

一是提高土地利用效率。既有效利用林间空闲土地，又可以减少家禽养殖场在农村土地的占用，提高土地利用效率，减少耕地占用。

二是提高林地和养殖场的经济效益，实现种、养双赢。林地放牧家禽利用人工种植或天然牧草饲养家禽可以大大降低饲养成本，提高养殖效益。家禽粪便排放在林下可为牧草和树木提供养分，促进牧草和树木的生长，形成能量高效循环利用的农业生态系统。

三是实现林木、家禽安全生产。林地形成天然屏障，产生隔离区，饲养环境好，减少疫病传播，可以提高家禽成活率，减少药物残留，实现产品绿色、安全。同时，家禽采食昆虫，可以有效减少草地和林地病虫害的发生。

四是实现家禽环保生产。林地养禽，减少家禽养殖对农村环境的污染，提高农民生存环境质量，符合我国建设新农村的要求。

五是实现家禽优质生产，提高家禽风味。由于林地养禽属放养方式，家禽一方面通过加大运动，减少有害物质在体内的残留；另一方面由于家禽可以采食林中新鲜牧草，获取常规饲料中不易获取的一些有利于提高家禽品质的风味成分，提高家禽产品的风味。因此，林地生态养禽具有较好的经济效益、社会效益和生态效益。

但是，林下养鸡不能简单地想象成传统的庭院养鸡方式。林下养鸡虽然有优越的环境优势，但也面临着容易感染多种寄生虫病和细菌性疾病的危险。尤其是养殖量达到一定规模时，林下养鸡的疾病控制、饲养管理中遇到的问题可能比舍饲更棘手，而且林下养鸡效益的关键要做好草的文章。因而，掌握专业性的林下养鸡技术是必要的，本节通过介绍林下养鸡的一些技术要点，旨在提高林下养鸡的专业化程度，提高林下养鸡的经济效益。

## 一、林下养鸡品种

林下养鸡品种选择依据饲养目的（肉用、肉蛋兼用、蛋用）而定，由于放牧饲养环境较为粗放，应选择适应性强、抗病、耐粗饲、勤于觅食的鸡种进行放养。

1. 肉用型品种

主要选择经过改良的优质鸡品种或地方鸡品种，如三黄鸡、清远麻鸡、乌鸡、北京油鸡，以及肉蛋杂交等品种。舍饲条件下普通黄鸡一般饲养期 90 天，体重达 1.59kg，料重比 3.27：1；清远麻鸡 105 天出栏体重 1.4kg，料肉比 3.7：1。

北京油鸡 105 天出栏体重为 1.45kg，料重比 3.8：1。肉蛋杂交鸡 56 天出栏，平均体重 1.65kg，料重比 2.31：1。如果利用天然草场和果树下 45 日龄起，经过 4 个半月放养平均体重 2.25kg，成活率达 90.5%；料重比为 1.63：1，降低精料消耗 40.94%。

2. 肉蛋兼用型品种

主要包括固始鸡、浙江仙居鸡、华北柴鸡等地方品种和选育品种。华北柴鸡84天前增重较快，112天体重在1.0kg，以后每周增重在60g左右，并呈现下降趋势，成年母鸡体重1.5kg左右，公鸡体重2.5kg左右。

笼养条件下，华北柴鸡120天见蛋，达50%产蛋率时间为160天左右，产蛋高峰日龄为170天，产蛋高峰75%~80%，70%以上维持4~5个月，年产蛋量220枚。

放养条件下，华北柴鸡高峰产蛋率65%左右，日补料必须在105g以上，料蛋比3.7∶1。

3. 蛋用型品种

适合放养的蛋用型品种有农大3号小型鸡、绿壳蛋鸡。

农大3号小型鸡22~61周龄放养期间平均产蛋率76%，日耗料89g，平均蛋重53.2g，每只鸡产蛋量11kg，料蛋比2.2∶1。农大3号小型鸡还有温顺、不乱飞、不上树、不爱炸群、易于管理等特点。

## 二、林下养鸡场址的选择

林下养鸡虽然不能大规模建场，但雏鸡饲养舍或简易休息棚必不可少。建议雏鸡饲养舍或简易棚搭建在林中离公路0.5km以上地势高的地方，同时还要考虑水电的正常供应，以保证照明、保温、供水等的需要。

## 三、林下种草

林下可以采取套播苜蓿、三叶草、黑麦草等多年生牧草，提供大量新鲜牧草满足鸡采食需要、减少补料量，提高鸡肉风味。

## 四、日常管理

每天喂料、供水时注意观察鸡群的状况，羽毛是否完整和粪便的形状、颜色，夜间注意观察栖木是否能满足鸡栖息，是否有卧地的鸡。应及时将卧地的鸡抓到栖架上，以及鸡群的呼吸状况，如发现啄羽要查明原因，发现鸡粪或呼吸异常应及时采取措施。注意防治野禽和兽害。

## 五、出栏

放养鸡生长到 120 天后生长速度逐渐减慢，应尽早出栏，避免延长饲养期导致补料增加，效益下降。如果每年饲养多批，应实行全进全出饲养制度，即每批鸡同时饲养，同时出栏，不能多批共存的现象。出栏后将鸡舍和用具彻底清洗干净，喷雾消毒后空舍 2 周以上再进下一批。

# 主要参考文献

李妍. 2010. 作物秸秆农业综合利用技术［M］. 天津：天津科技翻译出版公司.

孙承都，郭新建，柴俊霞，等. 2016. 主要农作物栽培及农业综合技术［M］. 郑州：中原农民出版社.

唐少立，孙达义. 2015. 农业技术综合培训教程［M］. 北京：中国农业科学技术出版社.